2BMZJ-5型播种机整地后播种出苗情况

2BMFJ-PBJZ6型播种机灭茬后播种出苗情况

玉米大豆间作 2：3 种植模式苗期

玉米大豆间作 2：4 种植模式苗期

玉米大豆间作 2：8 种植模式苗期

玉米大豆间作 2：2 种植模式生育中期

玉米大豆间作 2：3 种植模式生育中期

玉米大豆间作 2：4 种植模式生育中期

玉米大豆间作 2：2 种植模式生育后期

玉米大豆间作 2：3 种植模式生育后期

玉米大豆间作 2：4 种植模式生育后期

玉米大豆间作 2：6 种植模式生育后期

玉米大豆间作 2：8 种植模式生育后期

玉米大豆间作 3：6 种植模式生育后期

玉米大豆间作种植模式收获前

玉米大豆间作种植模式成熟期

玉米大豆间作 2：4 种植模式播种

2BMZJ-5型播种机灭茬后播种

2BMZJ-6型播种机麦后直播

2BMFJ-PBJZ6型播种机麦后直播

玉米大豆间作苗期机械喷施除草剂

无人机施药综合防控病虫害

玉米大豆间作 2：3 种植模式机械收获大豆

玉米大豆间作同时收获

蛴螬

点蜂缘蝽

斜纹夜蛾

甜菜夜蛾

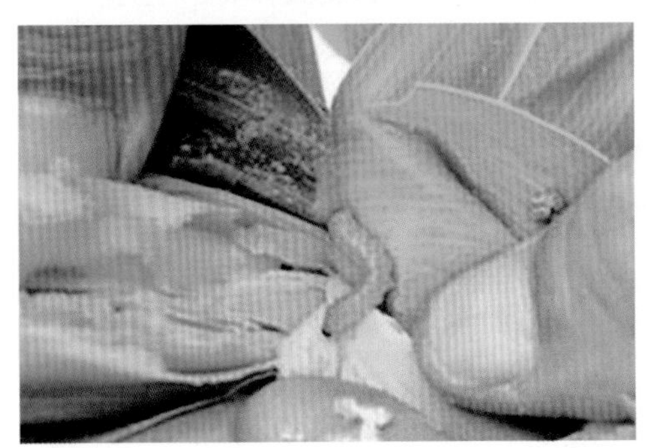

玉米螟

玉米黏虫

大豆病毒病

大豆叶斑病

玉米大豆

间作精简高效栽培技术

□ 高凤菊　赵文路　主编

中国农业科学技术出版社

图书在版编目（CIP）数据

玉米大豆间作精简高效栽培技术 / 高凤菊，赵文路主编 .—北京：中国农业科学技术出版社，2021.2

ISBN 978-7-5116-5193-8

Ⅰ.①玉… Ⅱ.①高…②赵… Ⅲ.①玉米-间作-栽培技术②大豆-间作-栽培技术 Ⅳ.①S513②S565.1

中国版本图书馆 CIP 数据核字（2021）第 028086 号

责任编辑 崔改泵 周丽丽
责任校对 李向荣
责任印制 姜义伟 王思文

出 版 者 中国农业科学技术出版社
北京市中关村南大街 12 号 邮编：100081
电 话 (010)82109194(编辑室) (010)82109702(发行部)
(010)82109709(读者服务部)
传 真 (010)82109194
网 址 http://www.castp.cn
经 销 者 全国各地新华书店
印 刷 者 中煤（北京）印务有限公司
开 本 710mm×1 000mm 1/16
印 张 13.25 彩插 4 面
字 数 220 千字
版 次 2021 年 2 月第 1 版 2021 年 2 月第 1 次印刷
定 价 39.80 元

《玉米大豆间作精简高效栽培技术》

编 委 会

主　　编：高凤菊　赵文路

副 主 编：郭建军　田艺心　曹鹏鹏

编　　委：高凤菊　赵文路　郭建军　田艺心
曹鹏鹏　华方静　高　祺　王乐政
王士岭　朱金英　陈立娟　曹连杰
张照坤　赵玉玲　张　斌

前　言

中国农业生产历史悠久，间作作为农业生产实践中的一项增产措施，在中国粮食生产中发挥着重要作用。间作是典型的资源高效型种植模式，根据作物不同的生长习性和生理特性，合理配置作物群体，改善作物的通风透光条件，最大限度地提高光、热、水、肥、土、气等自然资源的利用效率，提高作物群体对逆境胁迫的抗性，提高单位面积土地生产力，从而实现增产增效。

目前，间作广泛应用于现代农业生产中，且不同类型的间作种植模式多种多样。我国现有的100多种组合的间作种植模式中，豆科作物参与的间作组合占70%以上，特别是禾本科与豆科作物间作种植模式，在生产实践中被大面积应用，是我国传统农业中的重要组成部分，也是目前传统农业中应用较为成功的一个组合。玉米和大豆间作种植作为较常见的间作模式，间作优势更加明显。2020年中央一号文件明确提出，加大对玉米和大豆间作新农艺推广的支持力度，以保障重要农产品有效供给和促进农民持续增收。

目前，我国正面临着人口增加、耕地减少、资源短缺、环境恶化等矛盾，如何确保粮食安全和生态安全，满足人民生活和社会发展的需要，寻求农业发展的新出路，已成为新时代我国国民经济持续发展的关键问题。在目前土地、水等资源十分有限的情况下，要解决我国粮食安全问题，必须寻求既能高产又能高效利用资源的农业生产途径。

间作是世界范围内提高和保持粮食产量稳定性较有效的措施。玉米和大豆间作种植已经成为一种高效可持续发展的农业栽培技术，可以充分利用玉米和大豆的优势进行互补，改善玉米通风透光，提高光能利用率，充分发挥边际效应，促进大豆固氮并提高氮肥利用效率，减少化肥和农药的施用，符合国家“化肥农药减施增效”政策。在不减少耕地的情况下，协调促进玉米和大豆和谐发展，实现增产增效，有利于现代农业的可持续发展。

玉米大豆间作精简高效栽培技术，在我国已经大面积应用，山东省德州市进行了 4 年的示范推广，实现了全程机械化管理，得到了新型农业经营主体和新型职业农民的普遍认可。笔者在多年试验研究的基础上，与四川农业大学合作，引进玉米大豆带状复合种植模式，结合 4 年的示范推广经验，进行技术熟化和优化创新。希望通过玉米大豆间作精简高效种植技术的示范推广，实现良种良法配套、农机农艺结合、节本增效并重、生产生态协调，充分挖掘生产潜力，提高产量水平，保证我国粮食安全，促进现代农业健康可持续发展。

全书共分为 4 章。主要介绍间作的研究进展、发展趋势、示范推广，模式分布及主要模式，玉米大豆间作主要种植模式及精简高效栽培技术，主要病虫害及综合防治。

读者对象主要是从事玉米大豆间作种植、研究和推广的人员，农业院校师生和农业科研单位人员。在成书过程中，笔者引用了散见于国内报刊上的许多文献资料，因体例所限，难以一一列举，在此谨对原作者表示谢意。

由于笔者水平有限，书中难免有疏漏之处，敬请同行专家和读者指正。

编　者

2020 年 10 月

目　　录

第一章　概　　述

间作是指在同一生长期内、同一块耕地上、间隔种植两种或两种以上作物的种植方式，是在时间和空间上作物种植集约化的耕作制度。间作有利于改善作物的通风透光条件，提高光能利用率，提升边际效应，从而实现增产增效。合理的间作模式，还可以改善土壤微环境和田间生态环境，增强农田生态系统的稳定性。

我国农业生产历史悠久，间作作为农业生产实践中的一项增产措施，在我国粮食生产中发挥着重要作用。它是以充分利用自然资源（光、热、水、养分）为基础、以社会资源（劳力、技术、农业资源和资金）为条件、以传统技术和现代技术相结合的综合性技术为动力进行物质生产的系统。目的是在有限时间内、有限土地面积上收获两种以上作物的经济产量，降低逆境和市场风险。同时间作还具有充分利用资源和高产高效的特点，因此，在未来农业持续发展阶段中，间作将占有越来越重要的地位。

间作是典型的资源高效型种植模式，根据作物不同的生长习性和生理特性，合理配置作物群体，充分利用不同作物空间生态位、营养生态位的互补，不仅可以提高作物群体对逆境胁迫的抗性，而且能够最大限度地提高光、热、水、肥、土、气等自然资源的利用效率，将更多自然资源转化为物质产品，提高单位面积的土地生产力，实现作物群体的丰产稳产。

目前，间作广泛应用于现代农业生产中，间作种植模式多种多样。在我国现有的100多种间作种植模式中，豆科作物参与的占70%以上，特别是禾本科与豆科作物间作的种植模式，在生产实践中被大面积应用。禾本科与豆科作物间作种植是目前传统农业中应用最为成功的一种模式，玉米和豆类间作种植作为最常见的模式之一，具有保护土壤、控制杂草、减轻病虫害、增产增效等优点。一般认为，禾本科作物相对豆科作物具有竞争优势，而且禾本科作物的竞争优势决定了间作体系的群体质量。禾本科作物与豆科作物间作种植，可在一定程度上促进豆科作物固氮，并提高共生作物的氮素利用效率，减少土壤无机氮累积，降低农田氮素污染风险，有利于农田生态环境保护，是未来农业可持续发展的重要途径。

第一节 间作栽培的意义

间作套种是我国传统农业中的精华。20 年来，农业科技工作者进行了深入探索研究，完善配套栽培技术体系的同时，在全国各地进行了大面积示范推广，实现了种、管、收全程机械化生产。目前，间作种植的优势已经得到了国内外研究者的广泛证实。玉米大豆间作种植模式，因具有提高光能利用率、改善通风透光条件、充分发挥边行优势、减少氮肥使用、降低病虫害等特点，在现代农业发展中占有十分重要的地位。

一、促进农业种植结构调整

新形势下，我国农业的主要矛盾已经由总量不足转变为结构性过剩，主要表现为阶段性、结构性的供过于求与供给不足并存。粮食生产作为国家战略产业，是人民生存和国家发展的基础条件。我国农业长期以来实行藏粮于仓、藏粮于民、以丰补歉的策略，通过尽可能扩大粮食播种面积和提高单产来提高粮食产量。但我国粮食总产量基数大、主要农产品国内外市场价格倒挂、供给与需求错配的现状严重制约了现代农业的健康发展。因此，推进农业供给侧结构性改革，提高农业供给体系的质量和效率，科学合理调整作物种植结构，是当前和今后一个时期农业农村经济发展的重要内容。种植结构是农业生产的基础结构，经济新常态下需要进行农业供给侧结构性改革，应重点加快优化调整种植业结构，推动种植业转型升级，促进现代农业可持续发展。

从 2014 年开始，我国粮食特别是玉米出现总产量、库存量、进口量“三量齐增”现象，玉米阶段性供大于求、价格大幅下滑、种植效益下降，而大豆等作物的供求缺口逐年扩大，所以优化玉米种植结构，因地制宜地发展食用大豆、薯类和杂粮杂豆种植势在必行。因此，2016 年我国提出进行农业供给侧结构性改革，要求调减非优势产区籽粒玉米种植面积，增加优质食用大豆、薯类、杂粮杂豆的种植。计划到 2020 年调减籽粒玉米种植面积 5 000万亩（1 亩≈667m^2；15 亩=1hm^2。全书同），使玉米种植面积稳定在 5 亿亩，大豆种植面积恢复到 1.4 亿亩。同时，山东省要调减玉米种植面积 500 万亩，并重点发展豆类作物。

玉米、大豆既是人类的食物，又是牲畜的优质饲料和工业原料，保障玉米、大豆有效供给对保障我国人民健康、社会稳定和经济发展具有十分重要的战略意义。据预测，我国常年需求玉米 2.5 亿 t、大豆 1.2 亿 t，要生产足够的玉米、大豆需要近 15 亿亩的土地播种面积。而玉米和大豆是同季作物，从理论上说，我国有限的耕地资源永远无法满足玉米和大豆单作对土地的需求，因此，只有协调发展玉米和大豆生产，才能应对国际贸易摩擦带来的玉米、大豆短缺风险，才能确保我国玉米、大豆生产安全，才能把中国人的优质蛋白（肉蛋奶）“饭碗”牢牢端在我们自己手中。我国如何在稳定 5 亿亩玉米种植面积的基础上，提高大豆自给率？玉米大豆间作精简高效栽培技术是协调发展玉米、大豆生产的不二选择。

二、有利于农业可持续发展

间套作种植一直是我国传统农业的精髓，在西北光热资源两季不足、一季有余的一熟制地区大面积分布。相对于单一种植模式，间作种植能够增加农田生物多样性和作物产量，提高生产力的稳定性和耕地复种指数，高效利用光、热、水分和养分等资源，提高作物抗倒伏能力和防止水土流失，减少化肥和农药的施用，减轻病虫为害并抑制杂草生长，投资风险小且产值稳定，能使单位面积土地获得最大的生态效益和经济效益。因此，间作套种模式在我国农业生产中占有重要地位。据报道，在农业机械大规模应用以前，我国粮食的 1/2、棉花和油料的 1/3，都是依靠间作套种获得的。

禾本科作物与豆科作物间作种植体系是我国传统农业中的重要组成部分，它能够充分利用豆科作物的共生固氮作用，使间作优势更加明显。玉米大豆间作种植模式有利于实现玉米和大豆共生群体的高产高效，进一步提高有限耕地的复种指数，提高间作大豆的整体生产水平，全面实现增收增效。玉米大豆间作种植，既能给农民带来较高的经济效益和生态效益，又能为现代畜牧业的发展提供优质饲料，从而促进农业和畜牧业的协调、稳定、可持续发展，因此，玉米大豆间作种植模式对高效利用环境资源、发展可持续生态农业具有重要的意义。

三、加快农业增效农民增收

间作套种尤其是禾本科与豆科间作，具有充分利用环境资源和提高作物产量的特点，在我国传统农业中占有重要地位。玉米和大豆是一对黄金搭档，优势互补明显。玉米喜光喜温，是典型的高光效 C_4 作物，光饱和点高，光补偿点低；大豆是 C_3 作物，较耐阴。玉米大豆间作种植能有效改善田间的通风透光条件，提高土地生产率和光、肥利用率，使土地当量比达到 1.3 以上，光能利用率达 3%以上。同时，玉米大豆间作种植能提高作物抵御自然灾害的能力，尤其是抗旱、抗风能力，减轻了玉米倒伏，有利于机械化收获。同时玉米为大豆充当了防风带，使田间空气湿度增大，水分蒸发量减少，提高了大豆抗旱能力。

玉米和大豆是同季作物，适合在黄淮海地区夏播间作种植。通过近几年全国各地特别是黄淮海地区的大面积示范推广，玉米大豆间作配套栽培技术逐渐完善熟化，玉米大豆间作种植比玉米、大豆单作，均增产增效显著，提高了新型农业经营主体负责人、新型职业农民和种植户的积极性，示范带动了周边地区的农业生产，促进了当地的种植结构调整。同时有国家相关政策的支持扶持，促进了农业增效和农民增收。

四、助力乡村大豆产业振兴

2017 年，党的十九大提出乡村振兴战略。2018 年，中共中央、国务院发布的《中共中央国务院关于实施乡村振兴战略的意见》中指出，乡村振兴，产业兴旺是重点。乡村产业振兴要以农业供给侧结构性改革为主线，加快构建现代农业产业体系、生产体系、经营体系，提高农业创新力、竞争力和全要素生产率，深入推进农业绿色化、优质化、特色化、品牌化，调整优化农业生产力布局，推动农业由增产导向转向提质导向。构建农村一二三产业融合发展体系，大力开发农业多种功能，延长产业链，提升价值链，完善利益链，重点解决农产品销售中的突出问题。最终实现节本增效、提质增效、绿色高效，提高农民的种植积极性，促进农民增收，助力乡村振兴。

目前，玉米大豆间作精简高效栽培技术，以其良好的增产增收及种养结合效果，成为国家转变农业发展方式、实施乡村振兴战略的重要技术储备，为解决我国粮食主产区玉米和大豆争地问题，实现玉米和大豆双丰收，提高我国大豆供给能力和粮食综合生产能力，保障我国粮油安全和农业可持续发展，找到了新的增长点，也为乡村大豆产业振兴提供了新动能。

第二节　我国间套作研究进展及发展趋势

间作是指在同一块田地上在同一生长期内，分行或相间种植两种或两种以上作物的种植方式；套作是指在前茬作物的生长后期，于行内或行间播种或移栽后茬作物的种植方式；间作和套作统称为间套作。间套作体系中涉及作物的播种或收获未必同时进行，但二者存在一个共同生长的时期，即共生期。共生期的长短依赖于不同的作物配置模式，一般间作种植的共生期要比套作的长，例如甘肃省西北地区的小麦和玉米间作，共生期长达 80d 左右；黄淮海平原的冬小麦和棉花套作，共生期为 50d 左右。豆科与禾本科作物的间套作，是国内外农业生产实践中最常见的作物配置方式。

近几十年，农业生产水平不断发展，间作又出现了许多新的模式，技术上也有了新的发展。随着中国人口的不断增长，水、土等资源供需矛盾逐渐加剧，粮食供给安全问题日益突出，如何进一步发挥间作种植提高资源吸收利用效率的作用，日益受到更多的关注。就世界范围而言，面对资源、粮食、环境等全球性问题越来越严峻的挑战，间套作种植再度引起世界各地研究人员的重视。

一、间作研究历史

从新石器时代开始，中国就进入了原始农业。间作套种在中国已有两千多年的历史，是中国农业精耕细作优良传统的重要组成部分，是中国种植制度的重要特色之一。两千年的生产实践表明，间套作是充分利用时间和空间、充分利用地力和光能、提高单位面积产量的有效措施之一。

中国的间套作有悠久的历史，它创始于汉代，初步发展于魏晋南北朝，持续发展于唐、宋、元，快速发展于明、清。中国早在公元前1世纪西汉的《氾胜之书》中，已经有关于瓜与豆间作、桑树与绿豆间作、桑树与小豆间作的记载；公元6世纪的《齐民要术》中，叙述了桑树与绿豆间作、桑树与小豆间作、葱与胡荽间作的经验；明代以后，麦豆间作、棉薯间作等已经比较普遍，其他作物的间作也得到发展。同时，间作也是亚洲、非洲、拉丁美洲等地区的传统种植模式。但中国林间套种的历史要早于世界其他地方，并积累了丰富的经验。中国的间作套种主要有以下几个阶段。

（一）萌芽始创阶段

春秋战国时期，中国已经出现了轮作复种。《管子·治国》中有“四种五获”，《荀子·富国》中记有“一岁再获之”，这些在中国农学史上被视为提高土地利用率方面的创举。

早在两千年前的西汉时期，中国就创始了间作套种的种植方式，稻麦一年两熟已经出现，间作套种也开始萌芽。西汉的农学家氾胜之，首先总结了瓜、薤、小豆之间进行间作套种的经验。《氾胜之书》中说：“区种瓜一亩，为二十四科，区方圆三尺，深五寸[①]。一科用一石[②]粪，粪与土合和令相半。以三尺[③]瓦瓮埋著科中央，令瓮口上与地平。盛水瓮中，令满。种瓜，瓮四面各一子。以瓦盖瓮口，水或减增、常令水满。种常以冬至后九十日、百日得戊辰日种之。又种薤十根，令周回瓮，居瓜子外，至五月[④]瓜熟，薤可拔卖之，与瓜相避。又可种小豆于瓜中，亩四五升[⑤]，其藿可卖。此法宜平地，瓜收亩万钱。”这是中国古代农学文献中关于间作套种的最早记录，它是瓜、薤、小豆三种作物之间的间作套种。在瓜地中间作套种薤和小豆后，每亩瓜还能收入“万钱”，可见这是一种比较合理的间作套种组合模式。

---

①汉代一寸约为2.3cm；②汉代1石约为31kg；③汉代1尺约为23cm；④古时的月份均是农历月份，下同；⑤汉代的1升约为现代200mL。

（二）初步发展阶段

1. 理论技术基础

魏晋南北朝时期，中国间作套种的理论与技术有了初步发展。后魏的农学家贾思勰，在农学巨著《齐民要术》中，对这一时期间作套种的理论与技术进行了初步的总结。《齐民要术·种桑拓》篇总结了桑树间作种植的经验，并且从理论上阐明了桑间种植芜菁或禾豆的目的是："不失地力，田又调熟。"就是说，桑树间作种植既能充分利用地力，又能熟化土壤，可以做到用地和养地相结合。贾思勰认为，在桑树间种植芜菁，具有"其地柔润，有胜耕者"的明显效果；在桑树间种植禾豆，则"欲得逼树"，这样既能充分有效地利用地力，又有利于熟化土壤。这是因为禾豆要多次进行中耕除草，使禾豆靠近桑树，在禾豆锄草的时候，也熟化了桑地土壤，从而有利于桑树的生长发育。

2. 间作套种原则

间作套种的原则是"趋利避害，扬长避短"。《齐民要术》中认为，桑间种植小豆和绿豆是比较合理的间作组合，因为桑间利植小豆、绿豆，能获得"二豆良美，润泽益桑"的良好效果。同时，《齐民要术》还总结了大豆地"夹种麻子"的经验教训，极力反对在大豆地中"夹种麻子"，因为能导致"扇地两损，而收并薄"的恶果。这就是说，在间作套种中必须遵循"趋利避害、扬长避短"的原则，必须注意选择合理的间作套种组合。

现代农学理论认为，间作套种是两种以上作物相间或带状种植，是一个复合的作物群体。在间作套种中，必须正确处理植物种间的关系，要充分利用植物种间的互利因素，避免植物种间的抑制因素。因此，选用合理的间作套种组合，是间作套种能否成功的关键。贾思勰虽然没有明确提出正确处理植物种间关系的方法，但是，却在间作套种的实践中总结了正反两方面的经验，从而在一千四百多年以前，就为间作套种确立了"趋利避害、扬长避短"的原则，为间作套种选择合理的组合提出了理论和实践的依据，积累了宝贵的经验。

3. 间作套种方式

魏晋南北朝时期，勤劳智慧的中国劳动人民已经创造了丰富多彩的间作套种方式。仅据《齐民要术》中的记载，间作套种方式就有六七种。如桑间种植芜菁、桑间种植禾谷、桑间种植二豆（小豆、绿豆），麻子与芜菁间作、葱与胡荽间作、大豆与谷子混作、大豆与麻子混作，等等。

由此可见，早在一千四百多年以前，《齐民要术》就为中国的间作套种奠定了理论与技术的初步基础。

（三）持续发展阶段

宋元时期，中国间作套种的理论与技术继续有所发展。

1. 丰富发展桑苎间作经验

南宋初的《陈旉农书》，就为丰富和发展中国的间作套种理论与技术作出了贡献。陈旉在总结长江下游栽桑的经验时说："若桑圃近家，即可作墙篱，仍更疏植桑，令畦垄差阔，其下偏栽苎，因粪苎即桑亦获肥益矣，是两得之也。桑根植深，苎根植浅，并不相妨，而利倍差，……，诚用力少而见功多也。仆每如此为之，比邻莫不叹异而胥效也。"陈旉所总结的桑苎间作的经验，有两个显著的特点：一是利用了粪苎益桑的经济规律，取得了"一举两得"和"用力少而见功多"的经济效果；二是利用了"桑根植深、苎根植浅"这种植物层片结构的规律，取得了"并不相妨，而利倍差"的良好结果。因此，邻居纷纷效法，进行桑苎间作种植。

2. 科学总结桑间种植经验

元代，司农司编撰的官方农书《农桑辑要》，对桑间种植的理论与技术，进行了比较全面的总结。书中引用《农桑要旨》的经验说："桑间可种田禾，与桑有宜与不宜。如种谷必揭得地效亢干，至秋桑叶先黄，到明年桑叶涩薄，十减二、三，又致天水牛生蠹根吮皮等虫；若种蜀黍、其枝叶与桑等，如此丛杂，桑亦不茂。如种绿豆、黑豆、芝麻、瓜、芋，其桑郁茂，明年叶增二、三分。种黍亦可，农家有云：桑发黍、黍发桑，此大概也。"这是对中国长期桑间种植经验的科学总结，说明我们的先人对桑间种植的规律有了更深刻的认识，把中国间作套种的理论与技术，又向前推进了一大步。桑间种植经验主要有以下几点。

第一，明确了桑间不宜种谷的原因，认为桑间种谷能导致桑地干旱，发生害虫侵袭，造成桑叶减产。

第二，桑间不宜间作植株高大的蜀黍（高粱），因为蜀黍植株高大，影响桑树生长。

第三，桑间宜种植株矮小的作物，如豆类、芝麻、瓜、芋等作物，这样才能互不影响，使桑叶增产。

第四，强调了植物种间互利因素的利用，如“桑发黍、黍发桑”农谚的引用，就充分说明重视间作中植物互利因素的利用。

第五，通过桑间种植作物种类的分析比较，为间作套种确立了高棵对矮棵这一合理组合的原则。

3. 综合运用间套复种方法

元代司农司编撰的《农桑辑要》引用的《务本新书》中，总结了区田间作套种的经验，“区，当于闲时旋旋掘下，正月种春大麦，二、三月种山药、芋子，三、四、五月种谷、大小豇、绿豆，八月种二麦、豌豆。节次为之，不可贪多。谷、豆、二麦，各料百余区，山药，芋子各十一区，通约收四、五十石①。数口之家，可以无饥矣。”这是综合运用间套复种方法，集中人力、物力于区田，实行精耕细作和少种多收的方法。其后，王祯编撰的《王祯农书》也很推崇这种方法，可以说这是中国综合运用间套复种方法的开端。

（四）较大发展阶段

到了明清时期，间作套种开始盛行，主要原因是明清之际“东南地区自隋唐以来，北方向南方移民，已经无地可垦，人地关系紧张”。当时有“稻豆间作套种”“麦豆间套和混播”“棉麦套种”“粮肥套种”“粮草混种”“林、粮、豆、蔬、草的间作套种”，陕西兴平有“一岁数收”与“二年收十三料之法”。总之，在狭窄的土地上，当人口无法向外迁移时，只有向空间寻求发展机会。

明清时期，中国的间作套种有了较大的发展。这一时期不仅间作套种的地区更为广阔，遍及大江南北，而且间作套种的方式也更加丰富多彩。主要包括：双季稻的间作套种，稻豆间作套种，麦豆间作套种，麦棉套种，棉花和玉米、芝麻的间作套种，粮食作物与绿肥作物的套种，粮菜的间作套种，间套复种的综合利用，等等。

---

① 元代 1 石约 59. 2kg。

（五）继承发展阶段

民国时期，农业凋敝，在农业技术改进上没有什么大的起色。但是，广大劳动人民为了改善“半年糠菜半年粮”的艰苦处境，求得温饱，间作套种的优良传统仍然得以继承和发展。

1. 南方间作套种的新发展

一是南方稻区，间套复种的综合利用；二是间作套种方式，更加多样化。如广东、江西稻区的间套复种、成都平原的间作套种等。

2. 北方间作套种的新发展

一是麦豆间作套种有了较大发展；二是发展了多种形式的混作。如东北地区的“夹杂种”和“麦沟豆”、华北地区的间作套种等。

总之，中国的间作套种已有两千年的悠久历史，在间作套种的理论与技术上已经取得光辉的成就（表 1-1）。在间套复种综合利用的条件下，对发展多熟种植、提高地力和光能利用率、提高单位面积产量等方面，起到了极其重要的作用。它一直是中国农业精耕细作优良传统的重要组成部分，在建设中国特色现代农业的过程中，更应当继承和发扬间作套种的优良传统，创造中国式的现代农艺，促进中国由传统农业向现代化农业转化，将中国的农业推向一个新的高度。

表 1-1　间作套种历史发展进程

时期	书籍文献记载	间套作形式
西汉	《氾胜之书》	黍和桑套种，瓜套种薤、小豆
魏晋南北朝	《齐民要术》	间套作方式多样，桑间种植芜菁、禾谷、小豆、绿豆，麻子与芜菁间作，葱与胡姜间作，大豆与谷子、麻子混作等
宋元时期	《陈旉农书》《农桑辑要》	桑苧间作、桑间套种绿豆、黑豆、芝麻等
明清时期	《长田余话》《温州府志》《农政全书》《农蚕经》等	双季稻间作套种、稻豆间作套种、麦棉套种、粮肥套种、粮菜间作套种等
民国时期	《宜春县志》《三河县新志》等	棉花与芝麻、麦畦间复播大豆

二、间作研究进展

据统计，全球间套作面积在 1 亿 hm^2 以上。在近 20 年没有显著扩大土地面积的前提下，间套作显著提高了粮食产量，为解决世界人口的温饱问题做出了不可忽视的贡献。总体来看，目前国内外间套作研究多集中于作物组合、生态适应性、光能利用、肥水效应、边行效应、栽培模式以及作物间的竞争与互补等方面，此外还在分析方法上做了许多研究，提出了土地当量比、竞争比率、资源利用率等非常实用的分析参量，为评价间套作提供了简便、有效的分析方法。

间作是典型的资源高效型种植模式，可以利用不同作物空间生态位、营养生态位的互补，实现光、水分、养分等资源的高效利用，形成高产的基础。不同类型的间作模式中，禾豆间作可在一定程度上促进豆科固氮并提高共生作物的氮素利用效率，减少土壤无机氮累积，降低农田氮素污染风险，有利于农田生态环境保护，是未来农业可持续发展的重要途径。目前，国内外禾本科与豆科的间作种植方式应用较为广泛。关于禾本科与豆科作物间作的研究较多，且大多集中于光、养分、土壤、水分和产量等，禾本科与豆科间作的研究进展主要有以下几个方面。

（一）光资源研究

从生理生态方面看，单作群体和间作群体存在着一定的差异，因为间作条件下作物群体种类增加，作物农艺性状有所差异，使间作群体中的光合特性相比作物单作发生了改变，间作群体中的光能利用效率要明显优于单作。

1. 增加受光面积

合理的间作系统可以优化间作系统的群体结构，增加群体的采光量，提高光资源的利用效率。单作冠层上部的叶片光照非常充足，同时中下部的叶片光照经常不足，导致单作群体的光照浪费；不同株型的作物间作，可以形成波浪式冠层，利于间作群体变平面采光为立体采光，利于作物分层受光，增加受光面积，提高光能利用率。间作作物间既存在光互补又有光竞争，合理的田间配置有利于缓解光竞争矛盾，充分发挥互补效应。玉米与豆科作物间作是典型的高秆上位作物与矮秆下位作物的搭配，是一种适应性较强的种植方式。玉米大豆间作形成的镶嵌结构有利于光在群体中的均匀分布与利用，增加作物的边行效应，有效改善田间的通风透光条件，增大单位土地面积上 的总叶受光面积，提高群体的总光能利用率，玉米大豆间作群体的辐射利用率略低于单作玉米，约为单作大豆的2. 8 倍。

2. 提高光能利用率

间作群体的叶面积指数、叶绿素含量和光能利用率显著高于作物单作，提高了叶绿体对光能的吸收和转化能力，增加光截获和侧面受光，减少光遗漏和反射损失，改善群体内部受光状况，增加了间作作物的光合能力，间作作物的光合速率增大，为间作群体积累更多的光合产物，来满足作物生长并向籽粒运输提供保证。间作可以改善作物的光合特性，因为禾本科（玉米）为高秆作物，同时豆科（大豆）为矮秆作物，因此豆禾间作可以明显改善群体的通风透光条件，提高冠层内部的 CO_2浓度。此外，豆禾间作系统中，处于下位的矮秆作物由于受到上位高秆作物遮阴的影响改变了光质，促进了对弱光的吸收和转化效率，增加了对弱光的利用能力，对光能的利用向阴性植物的特点转化；高秆作物在群体的光竞争中属于优势物种，提高了对强光的利用能力，对光能的利用向阳性植物的特点转化。

3. 提高光合速率

大量研究表明，玉米大豆不同间作模式可提高玉米叶片的叶绿素含量、光合速率、蒸腾速率及气孔导度，改善玉米的光合作用条件，增强玉米的光合利用能力。玉米大豆间作，间作玉米比单作的光合速率在抽穗期和孕穗期分别提高 34%和 20%，玉米大豆不同间作模式降低了大豆的光合速率、叶绿素含量和叶面积指数，降低了光能利用率，但随着大豆间作行数的增大，大豆的光合速率、叶绿素含量和叶面积指数均逐渐提高。玉米花生间作，间作花生比单作的光合速率在较低光强下提高了 86%，间作玉米比单作的光合速率在较高光强下提高了 27%。小麦蚕豆间作，间作小麦比单作的光合速率在田间持水量 75%条件下提高了 9%。燕麦大豆间作，间作燕麦比单作的光合速率在灌浆期提高了 21%，燕麦花生间作时，间作燕麦的光合速率比单作时提高了 23. 5%。

4. 机理研究

光能利用效率高低与产量高低密切相关，光合速率增加最终的表现为作物产量的提高。主要原因包括以下几点，一是间作提高了高位作物的光饱和点，低位作物的光补偿点降低，间作体系对光能的分层利用使得间作环境中的光能得到最大化利用。二是间作种群叶片的分布形态改善了作物群体间的光分布形态，尤其在侧面光源的分布形态，因为高位作物对低位作物有遮阴的不利影响，低位作物所能接受的光源相比高位作物有所减少，所以间作相比单作获得了更多的侧面光，进而可以提高间作体系对光的截获能力和转化效率。三是间作模式下作物不同的株高、株型、叶型等使田间总密度增高，进而增加了叶面积指数（LAI），叶面积指数的增加可以延长作物光合作用时间，使得光能得以持续利用。

（二）养分研究

禾本科和豆科作物间作系统与单作相比，有些禾豆间作系统表现为仅提高养分吸收量，有些表现为仅提高养分利用效率，有些表现为同时提高养分吸收量和养分利用效率，从而使间作系统表现出间作优势。

1. 提高养分吸收量

小麦和大豆间作系统中，间作作物氮、磷、钾的养分吸收量比相应单作分别提高了24%~39%、6%~27%、24%~62%；玉米大豆间作系统中，间作玉米的氮素养分吸收量比相应单作提高了58%；玉米蚕豆间作系统中，间作玉米和蚕豆的氮素养分吸收量比相应单作分别提高了35%和31%；甜玉米大豆间作系统中，间作系统的养分利用效率比单作甜玉米提高了54%；玉米花生间作系统中，间作花生新叶的铁吸收量比单作提高了80%，间作花生籽粒的铁吸收量比单作提高了一倍多，间作花生的铁利用效率高于单作。

2. 提高养分利用效率

土壤根际酶活性、土壤中微生物数量（细菌数量、真菌数量、放线菌数量）与养分有效性之间均呈正相关关系，且土壤中氮素转化率与蔗糖酶（转化酶）、脲酶之间呈显著的正相关关系，即根际土壤的酶活性越高，微生物数量越多，养分有效性越高，氮素转化率越高。玉米大豆间作系统中，玉米根系能进入大豆根际吸收氮素，进而减少大豆根际土壤中的氮素，因此促进了大豆作物根际中脲酶活性和细菌数量的增加，从而增加了大豆的氮固定。因此，间作能够提高作物根际土壤脲酶活性和磷酸酶活性、微生物数量，进而提高根际土壤养分（有效氮、有效磷和有机质）的利用效率。

小麦蚕豆间作系统中，间作增加了蚕豆根瘤菌的数量和质量，扩大了蚕豆根系吸收面积，提高了小麦的吸氮量，表明间作改善土壤中有效氮的质流以及扩散，扩大了吸收空间。蚕豆通过固氮可以向与其间作的小麦转移蚕豆吸氮量的5%。因此，禾本科和豆科作物间作时，豆科作物根瘤菌固定的氮，不仅可以满足豆科作物本身的需求，还可以供给与豆科间作的禾本科作物的需要。玉米和蚕豆、玉米和大豆或豌豆间作系统中，土壤的硝态氮累积量显著低于相应单作，表明豆禾间作与单作相比，既可以提高作物产量又可以减少土壤中硝态氮的累积和淋失，因此间作可以提高氮肥利用效率，同时减少过量施肥对环境的污染。

蚕豆玉米间作系统中，蚕豆具有较强的质子释放能力以及蚕豆根系能够分泌更多有机酸，进而蚕豆具有较强的根际酸化能力，可以促进土壤中可利用难溶性无机磷的增加，根际中磷活性的提高能够降解土壤中的有机磷为无机磷，从而利于体系中作物的利用，因此间作体系中蚕豆可以促进玉米对磷的吸收，鹰嘴豆小麦间作、大豆玉米间作也印证了豆禾间作系统表现出磷吸收的间作优势。玉米蚕豆间作发现玉米菌根所形成的菌丝桥能够促进蚕豆对磷的有效吸收。玉米蚕豆间作系统中，间作作物根系在水平和垂直方向的分布促进了玉米对养分的吸收。

玉米和花生间作，可以提高花生根际土壤中铁的有效性，不同种植比例的间作方式对铁的吸收效率比相应单作分别提高了69%和98%，这是由于铁高效的禾本科作物比如玉米根系能够分泌麦根酸类植物铁载体、有机酸、还原性糖等，这些分泌物可以促进土壤中难溶性铁的溶解，从而可被铁低效的豆科作物，比如花生等吸收利用并改善铁的营养状况。

关于其他营养元素对于豆科和禾本科间作的研究相对较少，间作地下部的根系和微生物对于间作系统产量增加也有显著影响。小麦蚕豆间作，在作物花期能够对两种作物根际细菌多样性显著提高和群落结构组成的改变；玉米蚕豆间作，在苗期能够提高和改变根际细菌多样性和群落结构组成。在小麦蚕豆间作、玉米蚕豆间作的研究中发现，间作增加了微生物碳、氮、磷的可利用性，改变了微生物群落组成，表明根系微生物有助于提高间作产量。

3. 机理研究

禾本科和豆科间作系统中，氮高效利用的机制一方面在于豆科的固氮作用，间作系统中由于两种作物根系距离近并且禾本科作物的竞争能力高于豆科作物，禾本科作物可以从豆科作物的根际环境中获得部分氮素促进了氮的吸收，这种对氮营养竞争的结果引起豆科作物根际环境的氮减少，从而促进了豆科作物根瘤菌的固氮作用。另一方面在于豆科向禾本科作物转移氮素，豆科通过根系分泌氮化合物，这些化合物不稳定，可以转移给和其间作的禾本科作物。

（三）土壤特性研究

合理间作可通过降低土壤水分蒸发速度来调节温湿度、保持土壤墒情及降低近地面风速，从而有效抑制土壤风蚀及有风条件下的农田地表起沙扬尘，同时具有保持土壤营养和作物增产作用。间作可有效减少化肥的使用量，避免了化肥的大量使用对土体活性空隙比例下降、通透性降低等原因而造成土壤板结的状况。很多研究表明，间作不仅使土壤本身特性发生改变，而且可以改变其富含的微生物数量和酶活性。

1. 对土壤微生物的影响

不同施肥条件下，间作可明显增加土壤中菌类微生物的数量，使得土壤微生物群落中的碳源利用强度及生物多样性指数均显著高于单作处理。间套作种植模式下，不同作物通过释放为根际微生物提供生长所需的能源物质而利用微生物生长繁殖。土壤微生物量的增加有利于调节土壤中氮素转化过程，使其向有利于作物吸收的氮素形态转化，增强了作物的氮吸收能力和效率。对玉米花生间作系统，间作有利于作物根区土壤微生物的多样性的提高，间作系统作物根区土壤的真菌、细菌、放线菌数量都比相应单作作物多。间作玉米根区土壤 3 种微生物菌种的数量均高于单作玉米，间作花生的真菌和细菌数量只在喇叭口期与单作花生存在显著差异，放线菌数量在苗期与单作花生存在显著差异。间作系统作物根区土壤微生物的值和均匀度都高于单作玉米及花生，单作花生在苗期和收获期显著高于单作玉米，在均匀度方面间作和单作之间无显著差异。间作玉米、间作花生根区的土壤微生物功能多样性比相应单作要高，间作有利于玉米和花生根区土壤微生物群落多样性的提高。

2. 对土壤酶的影响

间作系统不同作物根系互作不仅能使有机物转化速率加快、生物氧化活动能力增强，而且能通过改变根际土壤中的环境来增加微生物数量和微生物向土壤中释放的酶数量。受到间作的影响，土壤中某些酶的酶活性会有所提高。研究发现，10~20cm 的土层，间作土壤过氧化氢酶活性显著大于单作处理，复合群体整体上表现为具有增强土层过氧化氢酶活性的功能。玉米大豆间作，间作玉米不仅吸氮量比单作增加 37.61%，而且根际脲酶活性、根际细菌数量也分别比单作玉米增加 33.54%和 55.76%，间作大豆根际脲酶活性、根际细菌数量分别比单作大豆增加 41.30%和 43.08%。

（四）根系研究

间作系统作物的生长和产量与根系生长密切相关，根系是作物吸收水分和养分的重要器官。作物的根系长度可作为衡量根系生长、吸收水分和养分的指标，整株作物的根系长度是根系生长能力的衡量指标。根系延伸和分布常常用根长密度或者根重密度来表示。间作作物的根系分布、根系活力、根系生命周期、根生长空间与作物对水分和养分的吸收利用密切相关，能够提高作物产量。

玉米大豆间作系统中，玉米的根系不仅分布在玉米所在行，还延伸到大豆所在行，而大豆的根系主要分布在大豆所在行；玉米蚕豆间作系统中，蚕豆根系分布相对较浅，玉米根系延伸到蚕豆所在行。间作显著提高了两种作物的根长密度，间作玉米的根重密度显著高于相应单作；间作高粱的根长密度在 0~15cm 土层高于相应单作 115%，间作比单作系统具有更大的根空间促使利用更大的土壤体积从而具有间作优势。小麦蚕豆间作系统中，间作小麦的根系活力，不同氮肥梯度（0kg/hm^2，90kg/hm^2，180kg/hm^2，270kg/hm^2）在孕穗期分别高于单作 0.9%、3.5%、3.0%、2.4%；扬花期分别高于单作 52%、49%、15%和 16%。玉米大豆间作系统中，间作玉米的根系活力比相应单作提高 27%，大豆的根系活力高于玉米，玉米对氮营养需求比大豆高，玉米的根系延伸到大豆所在行吸收氮营养，从而促进大豆的根系活力增强，进而提高大豆的固氮能力。玉米与蚕豆、玉米与鹰嘴豆在不同的种植方式下，间作玉米根系比相应单作具有较长的生命周期。

（五）水分利用研究

目前，全世界范围内水土资源短缺不断加剧，水资源成为制约作物生长和产量提高的主要因素。因此，选择合理的种植方式提高农田水分利用效率，是旱作节水农业的主要方式之一。在间作系统中，水分在作物间的分配取决于蒸发力在作物间的分配、土壤可利用水分、根系分布以及水分的生理调节功能，是间作作物冠层和根系在地上、地下动态作用的结果，同时也是环境和作物生长相互作用的结果。

1. 水分利用效率

合理的间作种植方式，可以显著提高复合群体的水分利用效率。玉米豌豆间作的水分利用效率，比相应单作提高了62%和68%；间作玉米的水分利用效率比相应单作提高了23%~42%，而间作蚕豆比相应单作降低了7%~56%。玉米豌豆间作的水分当量比为0.87~1.13，其中没有覆膜处理的4行玉米与4行豌豆间作种植方式，两年的水分当量比分别为1.10、1.03，均大于1，表明此间作方式在水分利用上具有间作优势。通过对单作和间作的水分利用效率进行比较分析发现，间作的水分利用效率［50.2kg/（hm^2·mm）］显著高于相应单作玉米［44.7kg/（hm^2·mm）］和菜豆［24.1kg/（hm^2·mm）］，玉米豇豆间作的水分利用效率（0.16~0.64kg/m^3）高于单作豇豆（0.24~0.52kg/m^3）、低于单作玉米（0.20~0.84kg/m^3），玉米与蚕豆、玉米与豌豆间作的水分利用效率分别高于单作33%和23%。全生育期玉米大豆间作的农田实际蒸散量比玉米、大豆单作分别低15.37mm和29mm，水分亏缺量分别比大豆、玉米单作低45.54mm和5.68mm，作物需水量与降水量的吻合程度高于玉米、大豆单作，玉米大豆间作条件下，全生育期的总蒸散量低于两作物单作，提高了系统水分利用效率。

2. 机理研究

间作相比单作可以提高作物的水分利用效率，首先，豆禾间作中禾本科作物的竞争能力高于豆科作物，支持了竞争理论即物种资源捕获能力越大在系统中属于较强竞争者（优势物种），水分限制条件下间作系统中不同作物对水分的竞争会引起优势物种的生长是以另一作物的生长为代价，这是由于不同作物对资源的竞争能力不同引起。禾本科作物的土壤水势低于豆科作物，土壤水分一般是从豆科作物向禾本科作物移动。其次，作物蒸腾和株间蒸发在耗水量中占有重要比例，提高作物蒸腾和减少土壤无效蒸发可以增加作物水分利用效率。与单作相比，间作能够降低株间蒸发量与耗水量的比例。玉米蚕豆间作能够提高作物的蒸腾由于水分利用上具有补偿作用。再次，作物群体冠层的覆盖度是影响土壤蒸发的重要因素，作物的叶面积指数显著的影响土壤蒸发与总耗水量的比例，玉米菜豆间作、单作玉米、单作菜豆的土壤蒸发占降水量的比例分别为35%、40%、40%，间作的土壤蒸发低于单作的土壤蒸发。最后，豆科和禾本科作物间作的种植方式中，高秆上位作物和矮秆下位作物搭配的有利微气候环境能够增加气压降低矮秆作物的蒸腾。

（六）作物品种、种植密度和种植比例的研究

除光竞争和营养、水分竞争对于豆禾间作产量有影响外，作物品种、种植密度和种植比例对于间作系统的生长和产量同样影响显著。

1. 作物品种

不同品种间作除了要考虑生育期、品质等方面的相对一致性以外，更重要的是株高、形态、抗性等方面必备的差异性和协调性。通过合理搭配改善群体冠层结构，挖掘潜能，使处于高秆地位的品种利用空间优势充分发挥其增产潜力（选增产潜力大的），而矮秆品种又不减产（选稳产性好的），最终实现群体增产。利用品种间基因型差异、抗病虫、抗逆性及生理生态特性差异，阶段发育等方面的协调性和互补性，增强群体的抗逆性，还可以起到规避单一品种风险的作用。

研究表明，不同品种大豆玉米间作的产量、经济效益等性状差异很大，这些差异主要与遗传和遮阴有关。间作中玉米品种主要通过遮阴对大豆产生影响，一般来说植株较矮、较紧凑的玉米品种对大豆的遮阴较轻，因此玉米可以选用多种类型，如普通籽粒型、机收籽粒型、鲜食型、青贮型、粮饲兼用型等，但品种一定要满足株型紧凑或半紧凑、抗倒伏、耐密植、适宜机械化收获、中矮秆、高产的要求。玉米选用紧凑型品种，行间通风透光性好，间作大豆不倒伏，大豆产量明显高于选用半紧凑或平展型的玉米品种的间作模式。如果选用平展型玉米品种与大豆间作，对大豆遮阴比较严重，大豆容易出现倒伏，造成减产。间作大豆应

选用有限结荚、抗倒伏、耐密、耐阴性较好、结荚多的早中熟品种。

2. 种植密度

作物生产中，种植密度作为有效的农艺调控措施被广泛用于生产实践和研究工作中。作物种植密度通过种间竞争互补影响作物的养分吸收利用、生长发育、光合利用和水分吸收利用，最终影响间套作作物总体生长状况和产量。一般情况下，禾本科作物在间作复合群体中处于优势地位，其种植密度的增大势必影响到与之间作的豆科作物的生长和养分竞争。种植密度能够调控作物生长中碳、氮元素的积累和分配，最终影响产量。总之，通过种植密度的改变，能够改变间作组合作物对土壤养分和自身生长的竞争互补关系。

种植密度对间作复合群体竞争和补偿的影响决定于组合作物的生长特性和生长元素的丰缺。许多学者对禾豆间作的产量变化、养分吸收利用、遮阴对豆科作物主要经济性状等方面进行了研究。随着玉米种植密度的增加，间作大豆的光合速率急剧降低，到玉米密度增加到 3 000株/亩以后，大豆光合速率下降缓慢或有所增加，同时玉米密度对间作大豆光合速率的边际效应是随着密度的增加而增加；玉米行距或株距对间作大豆光合速率的边际效应是随着行距或株距的增加而降低。在对“小麦玉米套作复合群体生长特征与生产力关系”的研究中发现，玉米是高秆作物，若密度过高，就会造成群体受光结构的恶化，影响经济产量的形成。

不同种植密度研究发现，玉米菜豆间作的土地当量比随着密度的增加先增加后减少，介于 1. 15~1. 26，玉米和菜豆的水分利用效率随着种植密度的增加而增加，单作玉米、菜豆和间作的水分利用效率分别为 23. 7%~44. 7%、12. 6%~24. 1%和 23. 2%~50. 2%；间作玉米和菜豆的产量均随着玉米种植密度的降低（10 万株/hm^2，7. 5 万株/hm^2，5 万株/hm^2）而增加；第一年当玉米种植密度从 4 株/m^2增到 8 株/m^2时，玉米大豆间作的土地当量比降低 5%，第二年土地当量比随着玉米种植密度增加（4 株/m^2，8 株/m^2，12 株/m^2）先稍有增加后降低。

3. 种植比例

目前各地因当地生产条件和气候特点不同，适宜玉米大豆间作的行比、搭配而有所不同。四川地区，紧凑型玉米与大豆行比 2：2，玉米幅宽 160cm 或 200cm，大豆行距 40 cm，玉米窄行 40~50cm，为最佳配置方式；贵州地区，玉米大豆行比

2：2条件下，大豆行距 40cm，玉米窄行 50cm，大豆与玉米的行距在 30~45cm 为合理搭配模式，玉米大豆行比 1：3 时，黔豆 7 号表现最优；云南地区，玉米幅宽 200cm和密度 6 万株/hm^2 更有利于玉米产量和间作群体总产量的提高；宁夏回族自治区（全书简称宁夏），玉米大豆行比 2：2 较 2：3 间作模式更好；浙江省，鲜食大豆、鲜食玉米间作适宜的行比为 3：2 和 6：4；长江中下游地区，玉米大豆行比 2：2时，玉米行距 50cm，大豆行距 50cm，大豆与玉米行距 50cm 的间作模式最好；鲁西北地区玉米大豆行比 2：4 间作模式下复合群体配置优势明显。

玉米和大豆进行不同种植比例的间作（1：1，2：2 和 1：2）种植，2007 年间作系统产量高于单作 64%、66%和 63%，2008 年间作产量高于单作 43%、57%和 65%。玉米和大豆以 2：2 或者 1：2 的方式间作种植，能够最大化利用最优的大豆产量以及 65%~100%玉米籽粒产量。玉米菜豆间作，在 1：1、1：2、1：3、2：1、3：1 种植比例下，1：2 的间作方式具有最高的土地当量比（1.61）、时间当量比（1.48）和经济优势指数。玉米菜豆间作在 1：4、1：2、2：2 种植比例下的土地当量比为 0.81~1.54，其中，1：2 种植比例最高，而 2：2 种植比例最低。玉米豌豆间作以 2：4 和 4：4 种植比例的土地当量比、水分当量比分别为 1.18~1.47、0.87~1.16，在土地和水分利用上具有明显的间作优势，其中，4：4种植比例的间作方式，在土地和水分利用上高于 2：4。

（七）产量研究

产量是间作系统是否优劣的重要评判指标之一，间作产量优势的生物学基础是对水、肥、光、热等资源的有效利用。

1. 产量影响

间作能否增产，国内外的研究学者有不同意见。有研究表明，与单作相比，间作反而会降低产量，在玉米大豆间作系统研究中，无论是施氮还是不施氮，其土地当量比（LER）都小于 1，不具有增产优势。但目前全世界大多数研究结果表明，在合理的间作配置下通过间作能够增产。在任一播期条件下，大豆玉米间作的总产量均比各单作产量的总和要高。大豆红麻间作提高了红麻与大豆的产量，间作系统中的大豆单株荚数和单荚粒数显著高于单作。小麦玉米间作，间作玉米的生物学产量要高于单作产量，相同面积内下间作小麦的产量比单作高。连续 4 年的蚕豆和玉米间作田间栽培下，玉米和蚕豆的产量均有较大增幅。

2. 机理研究

间作的增产机理主要包括以下几方面。第一，间作群体中存在互补效应。作物单作时，群体对环境资源的利用在空间和时间上基本一致，个体之间相互竞争激烈，间作群体各品种植株在光照、养分和水资源的利用上存在互补，对环境资源的综合利用具有更高的效率，尤其是在胁迫环境下，能够更好地开发资源，从而获得更高的产量，此外间作降低了因病害造成的产量损失，群体产量也会增加。第二，间作群体中存在合理效应。间作增产群体冠层空间分布和地下根系分布比单作群体更合理，能更有效地利用光、温、水、气等资源，能积累更多的生物量，其分配也更合理。第三，间作群体中存在补偿效应。间作群体中一个品种的产量比单作时低，但另一个品种产量比单作时高，且增产品种的增加幅度大于减产品种的减少幅度。第四，间作群体中各品种间存在助长效应。不同品种因株高、株型等农艺性状存在差异，间作群体能形成特有的小气候，在一定程度上改善了不利于植株生长的环境，即一个品种植株对另一个品种植株的生长产生有利影响。

间作群体对环境具有缓冲作用，参与混间作的每个品种都有其特定的调节生长发育和形态构成的能力，不同品种的调节能力存在差异，间作群体的异质性能促使不同品种间产生相互互补、补偿和助长作用，因而使群体对环境变化具有一定的缓冲调节能力，并表现出特定的适应性，进而增强间作群体产量的稳定性。

（八）品质研究

合理的间套作既能充分利用土地及光、热等资源，提高复种指数，取得良好的社会效益和经济效益，又能改善田间生态小气候，增加田间生物的多样性，为改善作物品质创造条件。

1. 品质影响

在间作系统中，两种或多种作物相互作用，对生长发育产生影响，品质则是作物生长状况重要的评价方式，也是影响间作优劣势的重要因素之一。研究表明，套作显著提高了马铃薯块茎的维生素 C 含量，显著降低了马铃薯块茎的淀粉含量。玉米和线辣椒套作，对果实品质有一定的影响，会导致果实总体品质降低，辣椒素、抗坏血酸含量明显下降。草莓和玉米套作，能够提高草莓的抗逆能力，提高草莓的品质。花生、小麦、玉米在不同的间作模式下，玉米的品质得到了很大的改善，花生的品质没有显著的变化。玉米大豆间作可以使玉米秸秆中的粗蛋白含量高于单作，而粗纤维的含量则低于单作。豆类和谷类间作，能提高生物产量和秸秆的营养品质，而营养价值的提高主要表现在粗蛋白含量的提高上。小麦与苜蓿间套作，可以明显提高小麦秸秆和苜蓿中的粗蛋白含量，降低了作物的粗纤维含量，提高了其消化性。禾本科作物之间的间套作，其作物的品质往往高于间套作作物的单作水平，低于高含量作物单作，但高于低含量作物的单作。也有许多研究表明，间套作对作物的饲料品质没有显著的影响。

间套作对籽粒营养品质研究的影响，主要集中在对籽粒蛋白质含量的影响上。间套作小麦的蛋白质含量，沉淀值，干、湿面筋含量等品质指标均明显高于单作小麦，间作与单作大豆种子脂肪酸组分平均含量差异较小，脂肪酸组分间的相关也相对稳定，说明与玉米间作并不会影响大豆种子脂肪酸组分的含量和比例；而且豆科作物之间的间作，籽粒粗蛋白含量表现出明显的边行优势。

2. 机理研究

间套作通过充分利用光热资源，调节土壤微生态环境，对间套作栽培模式下的各作物的品质存在一定的影响。近年来，国内外学者对影响玉米大豆间作品质的因素进行了报道，影响较大的是施肥措施、种植密度、播期、重茬等因素。

对大豆品质而言，通常施硒或硒与硫配合施用对大豆脂肪含量影响不显著，但可使大豆籽粒中蛋氨酸和胱氨酸含量增加。同时，一定量的氮肥能增加大豆籽粒中维生素 C 的含量。施硒、硫对玉米的影响不如大豆明显，对玉米品质影响最大的主要是氮肥效应，在一定施肥水平范围内，随着施氮水平的提高间套作玉米的蛋白质含量和脂肪含量都相应提高而籽粒淀粉含量却下降。玉米大豆间作体系中，不同种植密度对玉米籽粒品质有直接影响，低密度处理的玉米和大豆品质较好。在一定密度范围内，玉米籽粒蛋白质、脂肪、淀粉的含量在不同成熟阶段及收获时均呈下降趋势，而超出这一范围，这些物质的含量有所提高。不同播种期对玉米百粒重、含水量及各营养物质的形成没有明显影响，但播期对大豆籽粒的蛋白质含量有影响。蛋白质、脂肪及二者总含量随播期的推迟而降低，但不同类型品种播期间降低幅度不同。随着延期播种，蛋白质含量降低，脂肪含量逐渐增加。

此外，重茬和病虫害对玉米大豆间作品质也有一定影响。短期重茬对脂肪、蛋白质影响不明显，但重茬超过 3 年，有蛋白质含量增加、脂肪含量降低的趋势。同时蛋白质含量与虫食粒率和褐斑粒率呈显著正相关，与紫斑粒率相关不密切。大豆蛋白质和脂肪含量，既受遗传控制又受环境条件影响。大豆本身的遗传基础是决定其蛋白质和脂肪含量的首要因素，但也不能忽视环境条件对其的影响。环境条件差异越大造成的蛋白质和脂肪含量变异幅度越大。综上所述，在生产实践中，要综合考虑影响玉米大豆间作品质的各种因素，以便更好地提高间作玉米和大豆的品质。

三、间作发展趋势

随着全球人口数量的增长，粮食需求的刚性增加，耕地面积日趋紧张，全球人口快速增长与耕地面积日益减少的供需矛盾问题日益突出，如何利用有限的耕地面积生产出足够的粮食是一项重大的挑战。间套作是提高单位面积土地粮食生产能力的有效措施。合理的间套作由于不同作物株型与生理生态方面的差异及光、水、肥、空间利用的互补作用，一般都具有较大的增产潜力，能提高单位面积作物总产量，尤其是豆禾间作对于粮食生产的可持续发展极为重要。

（一）研究深入化

20 年来，农业科技工作者进行了深入探索研究，完善了配套栽培技术体系。

1. 间作机理

目前国内外关于豆禾间作研究颇多，且大多集中于养分和产量等方面。由于不同间作方式增加了作物产量、养分吸收、水分利用效率，从而在产量和养分、水分方面具有间作优势。

禾本科和豆科作物的间作种植方式应用较为广泛，因为间作系统能够抑制杂草生长，增加豆科固氮量，禾本科作物的产量和氮吸收量往往比单作条件下提高很多，表现出明显的间作优势。不同种植比例下玉米豌豆间作的土地当量比介于

1.18～1.47，不同种植方式下玉米大豆间作的土地当量比分别为1.65和1.71，不同处理下高粱和花生、御谷和花生的土地当量比分别为1.34和1.43、1.49和1.54，玉米花生间作的土地当量比为1.68，表明合理作物搭配的间作方式具有间作优势。

豆禾间作系统中，非豆科作物促进豆科作物固氮，增加土壤中硝态氮的含量，可以改善土壤肥力，豆科固氮向非豆科转移从而提高作物产量，有利于环境保护。玉米与豆类作物间作，作物之间对资源竞争主要包括对光、养分和水分的竞争。当土壤中水肥资源比较充足的情况下，作物之间对资源的竞争主要是对光资源的竞争；当土壤中水肥资源比较贫瘠的情况下，作物之间对资源的竞争主要是地下部的根系对水分和养分的竞争。从地上和地下相互作用对间作优势的贡献来看，地下相互作用显著高于地上相互作用，地下相互作用对产量的贡献为59.3%，其中，40%为水分移动，19%为根系活动的结果。

2. 间作模式

间作种植具有充分利用多种资源、提高单位面积作物产量的优点。近些年来，随着人口的快速增加、耕地的不断减少和水资源的日益紧缺，我国的粮食供给安全受到了威胁。因此，深入研究并大力推广玉米大豆间作模式，对于优化间作群体的组成结构、提高间作模式管理水平、保证间作种植具有较高的资源利用效率和产量水平，都具有重要的理论意义和现实意义。

不同间作模式对玉米大豆间作群体总产量和效益影响不同，且玉米大豆间作最优模式受不同环境、品种及栽培技术等因素影响，各地表现不一。有研究表明，辽宁东南部丘陵地带3∶4间作模式群体正负叠加后的优势显著大于单作模式，是发挥玉米高产潜能、提高大豆产量和经济效益的合理模式。河南平原地带玉米大豆1∶3和2∶3间作模式下，间作群体总籽粒产量比单作玉米约增加6.0%，比单作大豆约增加320%。山东西北平原地带玉米大豆间作以2∶3和2∶4间作模式表现较好，间作总产量和经济产值较高。贵州高原地带间作中以玉米为主兼顾大豆条件下，间作模式以2∶3和2∶4较好，有利于产量和产值的提高。广东省红壤土地甜玉米大豆2∶4间作模式的增产优势最大，是比较理想的间作模式。

间作技术在我国农业发展史上具有重要的地位，解决了作物争地的矛盾，将种地养地结合，保障土壤肥力不削弱，发挥作物的特性对应互补等，从而提高了土地利用率、光能与热能利用率、土地养分利用率，提高单位面积产量，并在一定程度上减少使用肥料，减轻病虫害入侵等。如今，间作技术已经得到长足的发展，种植模式得到了极大的优化，大量研究和推广应用人员的共同努力使得间作的各项技术指标更加明确，同时促进了我国农业生产水平进一步提高。

（二）技术成熟化

1. 轻简化

轻简化栽培是简化种植管理工序、减少作业次数，农机农艺融合，实现作物生产轻便简捷、节本增效的新型栽培技术体系。玉米大豆间作体系的轻简化栽培技术主要包括精细选种、节水灌溉、化肥农药减施增效、全程机械化管理等。间作玉米品种要满足株型紧凑或半紧凑、抗倒伏、耐密植、适宜机械化收获、中矮秆、高产的要求；间作大豆选用耐阴、耐密、抗倒、中早熟的夏大豆品种。玉米灌浆期和大豆开花结荚、鼓粒期必须保证水分供应，雨后田间有积水时，要及时排涝。玉米大豆间作可抑制农田杂草的发生发展，降低病虫害30%~50%；提高土壤含水量，增强系统的抗旱能力；可提高根瘤固氮量10%左右，提高氮肥利用率20%~30%，每亩减施氮肥4~6kg，减施农药10%~15%。2BMZJ-5型、2BMZJ-6型、2BMFJ-PBJZ6型玉米大豆间作施肥播种机均可用于玉米大豆间作播种，也可分别使用玉米、大豆专用播种机，同时进行播种。根据玉米、大豆成熟情况，可先用4LZ-1.0型或GY4DZ-2型自走式大豆联合收割机收获大豆，也可用4YZP-2C型自走式玉米收获机先收获玉米，或者使用两台机械，玉米、大豆同时分别收获。

2. 机械化

间作套种技术在全国范围内应用广泛，但是不同地区地理环境、气候条件等因素差异较大，导致间作套种种植模式下的作物品种、种植行距和类型也各不相同，能够用于该种植模式下的农业机械较少，机械化水平落后，严重制约了其机械化水平的发展。为加快间作套种模式的推广，应着重从农机农艺相结合入手，首先，要因地制宜，积极研制出与之相适应的农业机械，研制出适应性强、性能稳定、效率高、成本低等一机多用型农业机械。其次，间作套种种植技术也要合理调整，例如同一地区统一规范作物种类、种植标准、结构等，为间作套种的机械化生产创造有利条件。

玉米大豆间作是一个高效的生产系统，对土壤与气候的利用都很充分，节肥增效明显。有时因玉米和大豆不能同期收获或间作模式等原因，全程机械化较为困难，需准备两套机具，掌握两种作物的生长特点与生产技术，对生产者要求较高。

现阶段，我国玉米收获的机械化水平有了很大的进步，机型和功能多样的玉米收获机被各生产企业不断地研究设计出来，不同机型可实现玉米的摘穗、剥皮、果穗收集、秸秆粉碎还田或秸秆回收等作业，玉米收获机有牵引式、自走式、悬挂式和茎穗兼收型，有 2 行的、4 行的、6 行的等各种机型，在不对行收获、节能降耗等收获技术方面也取得重大突破。

黄淮海地区示范推广玉米大豆间作 2∶3、2∶4 种植模式，可选用 2BMZJ-5 型、2BMZJ-6 型、2BMFJ-PBJZ6 型玉米大豆间作施肥播种机进行播种，也可分别使用玉米、大豆专用播种机，同时进行播种。田间管理可采用机械除草，无人机或直升机进行飞防。玉米、大豆是同季作物，几乎同时成熟。可先收获大豆，也可先收获玉米，或者用两台机械，玉米、大豆同时收获。玉米可用自走式两行玉米收获机收获，只要机械宽度小于 1.5m 即可，如金达威 4YZP-2C 型、玉丰 4YZP-2X 型、4YZB-2 型等。大豆可用 GY4DZ-2 型自走式大豆联合收割机收获。

玉米间作大豆全程机械化是社会、行业的共识，是确保粮食安全生产的关键。世界农业发展的实践表明，农机与农艺相互融合、相互促进，是现代农业生产的必由之路。玉米大豆间作是一种集约集成农业现代技术，发展玉豆全程机械化高效栽培技术是提高劳动生产效率、充分挖掘粮食生产潜力的有效手段，不仅有利于提升玉米、大豆粮食作物生产水平，达到两作物共赢，还有利于提高资源利用率和劳动生产率，有利于实现农业的可持续发展。

3. 绿色化

玉米大豆间作，通过合理的品种、构型搭配，充分利用两作物在株型及生理生态方面的差异，使时空与水肥利用产生互补作用，相对于单作而言，玉米大豆间作可抑制农田杂草的发生发展，减轻杂草危害；减轻病虫害，降低病虫害

30%~50%，增加天敌数量；提高土壤含水量，降低系统白天温度，减缓温差，从而增强系统的抗旱能力；减少化肥、农药的施用量，显著提高肥料利用率，提高根瘤固氮量10%左右，提高氮肥利用率20%~30%，每亩减施氮肥4~6kg，减施农药10%~15%，具有显著的经济、环境和生态效益；玉米大豆秸秆还可以饲养牛羊，玉米大豆混合青贮，既解决了大豆植株难以调制青贮饲料的问题，同时又提高了青贮饲料的蛋白质、钙含量，对肉牛、肉羊育肥效果明显。

4. 高效化

玉米大豆间作高效种植，通过扩行缩株，使每行玉米都有边际优势，增加资源利用率，使光能利用率达3%以上，土地当量比达1.3以上，具有高产稳产高效的特性。玉米大豆间作高效种植，玉米单产与单作相当，亩产550~650kg；大豆亩产80~120kg。扣除种子费、农药费、机械收获作业费等，每亩可增加纯收入200元左右。

玉米和大豆种植适应范围广，我国东北、黄淮海和西南等地区均可进行玉米大豆间作种植，发展空间巨大。黄淮海、东北、西南、西北四大主产区，玉米种植面积4.88亿亩，单作大豆面积1.0亿亩。若有20%进行玉米大豆间作种植，预计可多产玉米766万t、大豆1 190万t。在我国粮食主产区黄淮海地区大力发展玉米大豆间作种植，可在保障玉米产量的基础上增加大豆产量，有助于解决我国粮油作物争地的矛盾，保证国家粮食安全，具有显著的社会、经济效益。

（三）模式多样化

1. 作物种类多

我国不同地区的间作套种种类多种多样。例如，小麦玉米间作（长江以北广大地区）、小麦棉花套种（南方棉区）、小麦玉米甘薯套种（西南丘陵旱地）、棉花西瓜套种、棉花蒜套种、小麦西瓜棉花套种、棉花绿豆套种、早春菜棉花套种（适用于产棉区）、玉米大豆间作套种等。

2. 间作模式多

我国人多地广，全国各个农作物种植区因受到气候条件、光照强度和时间、地理地形等不同因素的影响，导致各个地区的间作套种模式有着各自的区域特点，农作物的间作套种以玉米、大豆、小麦为主。以黑龙江、吉林、辽宁、河北、陕西、甘肃等省为代表的北方种植区，属寒温带湿润、半湿润气候带，冬季寒冷，夏季温热，有 4~6 个月的无霜期，全年降水量 40~80cm，且分配不均，其中 50%以上集中在夏季。地势平坦、土壤肥沃，且有充足的光照条件，昼夜温差也较大。所以，北方种植区的间作套种大多以玉米、小麦、大豆间作套种为主；以安徽、山东、江苏、河南等省为代表的黄淮海种植区，属温带半湿润气候，有 6~7 个月的无霜期，全年有较丰富降水量。该地区温度较高，雨水蒸发多，全年降水量七成以上都集中在夏季。因降水不均，时有旱涝、病虫等自然灾害的发生，严重影响了农业生产。所以，该地区适合以大豆玉米、玉米小麦为主的间作套种模式，也有小部分的绿豆和玉米间作套种。南方丘陵种植区，属典型的热带和亚热带湿润气候，其代表省份有浙江、江西、福建、海南、广东、广西等。年均降水量达 100~180cm，水量十分丰富，且分布均匀。年平均气温较高，每年有 1 600~2 500h的光照时间，有 7 个月以上的时间适合农作物的生长。该地区间作套种特点则以玉米套种小麦或者土豆、蚕豆、油菜间作套种为主。因此，间作套种模式在我国全国范围内都在广泛种植。

（四）前景广阔化

随着间套作种植技术的发展，通过间套作技术来实现一年多熟，越来越受到世界各国农业生产者的重视。间作种植方式在世界各国农业生产中具有举足轻重的地位，并以亚洲和非洲等国家应用居多。

1. 区域越来越广泛

世界范围内，间套作在非洲和亚洲国家应用得较多，在南北美洲和欧洲一些国家也有分布。在尼日利亚约有 99%的豇豆、95%的花生、80%的棉花、76%的玉米，采用间作模式；在乌干达，有 84%的玉米、81%的豆类、56%的花生，采用间作种植。在印度和许多非洲国家，高粱、豆类、粟、玉米、木薯等采用间作种植的也较普遍。2005 年，美国国际开发署资助的农业保险计划项目，在埃尔冈山区的小粒种咖啡种植基地，采取香蕉和咖啡间作种植方式，每公顷土地年产值达到 4. 441 美元；而不采取间作方式种植的香蕉和咖啡，产值分别为 1. 728 美元和 2. 364 美元；在乌干达南部和西南部的咖啡种植区，采取香蕉和咖啡间作方式种植时，每公顷土地年产值为 1. 827 美元；而单作香蕉和咖啡时，产值分别为

1. 170 美元和 1. 286 美元。

2. 面积逐年扩大

20 世纪 80 年代，我国间作种植面积已经达到 2 800万 hm^2；20 世纪 90 年代，迅速增加到 3 300万 hm^2。

近年来，在我国南方，套种大豆发展迅速，在“十二五”种植业发展规划中，将西南、华南间作套种食用大豆列为全国三大优势产区之一进行建设。目前，玉米大豆套种在四川、重庆、广西等西南地区推广面积超过 1 000万亩，且有逐年增加的趋势，现已成为南方地区大豆的主要种植模式。作为农业农村部的主推技术，近 8 年来，四川省麦、玉、豆套种推广面积达 1 726. 3万亩，增加农民收入 60. 65 亿元，显著提高了粮食生产能力。套种大豆的研究示范和推广应用，为缓解我国南方地区的粮食压力、增加农民收入、保障我国粮食安全做出了重要贡献。

2016 年，结合大豆产业技术体系“十三五”重点任务及农业部种植业管理司粮油高产高效示范项目，四川、甘肃、河南、安徽等地开始试验示范推广玉米大豆带状复合种植技术。近年来，四川、重庆、广西等地带状套种示范面积稳中有升，套种面积达 800 万亩左右，其中，四川仁寿现代粮食产业示范基地高产示范 1. 2 万亩，百亩示范片玉米测产平均亩产 650kg，最高亩产 730kg，大豆预期平均亩产 130kg 以上。

2017 年以来，山东省德州市开始示范推广玉米大豆带状复合种植模式，并因地制宜，进行技术熟化和改进，探索出了适宜当地种植的玉米大豆间作精简高效栽培模式。四年累计示范推广面积 2 万多亩，在玉米基本不减产的前提下，增加了大豆产量，实现了农民增产增效。

3. 种植积极性提高

2015 年玉米收储价格大幅下调，2016 年国家取消了临储收购政策，国内玉米市场发生了翻天覆地的变化。随着玉米价格的大幅下滑，农民特别是新型农业经营主体种植玉米效益下降，严重影响了农民种田和流转土地的积极性。目前，农民种植玉米和大豆的收益发生了较大变化，农民无论在自有土地还是流转土地上种植玉米和大豆，大豆的收益均高于玉米，因此，很多农民特别是新型农业经营主体自愿选择种植大豆。2017 年，我国大豆种植面积增加 700 万亩，山东省增加近 20 万亩，禹城市的农业新型经营主体自发种植大豆近 5 000亩，据调查，每亩收入可达 1 100元，比单种玉米增加 150 元，农民及农业新型经营主体负责人种植大豆的意愿较强。

间作具有明显的产量优势，这一点已经得到广泛证实。例如，1990 年，甘肃一熟制灌区间作种植面积达到 20 多万 hm^2，其中有 6 000多 hm^2 的耕地单产超过 $15t/hm^2$；1995 年，宁夏间作种植面积共 75 $100hm^2$，生产了全区 43%的作物产量。8 年来，四川省麦、玉、豆套作推广面积达 1 726. 3万亩，增加农民收入 60. 65 亿元，显著提高了粮食生产能力。间作带来的产量和经济效益优势，极大地提高了农民以及新型农业经营主体负责人的种植积极性。

4. 重视程度增加

大豆籽粒是重要的粮油兼用作物，富含蛋白质、脂肪，同时豆粕和豆秆可作为饲料，但由于种植大豆的效益比较低，全国大豆种植面积逐年下降。我国进口大豆量逐年上升，2013 年，我国进口大豆达到 6 340万 t，占国内供给总量的 80%以上，至 2016 年进口大豆 8 391万 t，进口大豆以转基因的高油大豆为主，主要用于生产大豆油和豆粕。2016 年，国产大豆产量由 1 100万 t 上升到 1 300 万 t，虽然大豆供应量增加，但由于国产大豆为非转基因大豆且蛋白质含量高，仍然供不应求。在推行新旧动能转换、转方式调结构尤其是减粮增豆的背景下，中央特别明确增加优质食用大豆种植面积，为加工产业迎来机遇。同时，随着人们对健康膳食要求的提高，作为优质蛋白质来源的大豆制品的市场需求在不断扩大。大豆的需求对外依存度过高逐渐引起了政府和学者们的重视，大力发展间套作大豆是增加大豆产量的有效途径，对保障国家粮食安全具有重要意义。

在大豆产业的迫切需求下，2015 年国务院办公厅印发的《关于加快转变农业发展方式的意见（国办发〔2015〕59 号）》中明确指出，“要大力推广轮作和间作套作，重点在黄淮海及西南地区推广玉米大豆间作套作”。2015 年，中国中央农村工作会议首次提出农业供给侧结构性改革政策。2017 年的中央一号文件、中央经济工作会议、农村工作会议和省、市经济工作会议，均把农业供给侧结构性改革作为农业农村工作的重点和主线，《中共中央　国务院　关于深入推进农业供给侧结构性改革　加快培育农业农村发展新动能的若干意见》指出，调减非优势区籽粒玉米，增加优质食用大豆、薯类、杂粮杂豆。计划到 2020 年调减 5 000万亩，2016 年已调减籽粒玉米 3 000万亩，2017 年调减籽粒玉米近 2 000万亩。2018 年，大豆种植面积已达到 1.185 亿亩，总产量 1 580万 t；2018 年，大豆种植面积 1.26 亿亩，总产量1 596.7万 t；2019 年，大豆种植面积 1.33 亿亩，总产量1 810万 t，进口量8 851万 t。由于大豆总需求量在 1.0 亿 t 以上，国外进口大豆仍是主力，国内大豆远远实现不了自给自足，迫切需要增加国内大豆种植面积和产量，减少国际大豆依赖性。2020 年中央一号文件再次明确指出“加大对玉米、大豆间作新农艺推广的支持力度”，农业农村部 2020 年一号文件进一步要求“因地制宜在黄淮海和西南、西北地区示范推广玉米、大豆带状复合种植技术模式，拓展大豆生产空间”。因此，推广玉米大豆间套作种植模式是当今国家农业发展的必然趋势和要求，有利于国家农业供给侧结构改革和现代化农业发展，有利于新农村建设和农民增收。

第三节　间作类型、原则、效应和机理

随着耕地面积逐年下降和人口不断增长，对提高单位土地面积上作物产量的要求越来越迫切。间作种植方式一直是我国农业精耕细作传统的重要组成部分，并占有重要的地位。与单作相比，间作作物能够在时间和空间上更有效地利用资源，且有互补作用；能够充分利用养分、水分、光能和热量等多种农业资源，并提高资源利用率，从而进一步实现农业高产高效。

一、间作类型

从新石器时代开始，我国就进入了原始农业。间作套种是我国传统精耕细作农业的一个重要组成部分，在我国已经有两千多年的历史。同时，间作也是亚洲、非洲、拉丁美洲等地区的传统种植模式。

目前，我国有 2/3 的耕地采用间作和套种方式，全国有 1/2 的粮食产量都是依靠间作套种模式种植获得的。在华北平原，小麦和玉米套种的面积占玉米种植面积的 1/2；在西北灌区，春小麦和春玉米套种的面积占春玉米的 1/3；在云南、贵州、四川、广东、广西、湖南、湖北等的丘陵旱地上，农作物间作套种面积也

相当广泛。从各地区间作的类型来看，我国旱地丘陵沟壑区的间作类型主要分为农林间作、林草间作、粮草间作和粮粮间作 4 种类型。

（一）农林间作

农林间作主要是指农作物（包括经济作物）和林木（包括经济林木和果树）的间作系统，这一生产模式普遍存在于世界各地。

1. 成功模式

在亚洲，缅甸从 19 世纪中叶开始推行林农间作，泰国从 1906 年开始了柚木与玉米、水稻、胡椒的套种；在西欧，西班牙、葡萄牙推行了栓皮栎与牧草、油橄榄与牧草、柑橘葡萄与农作物套种等模式，意大利则用杨树与水稻、玉米、小麦、三叶草套种；在非洲，习惯用林果与农牧套种，以改变环境不断恶化的僵局；在中美洲，则用破布木与香蕉、可可、咖啡、玉米套种；在南美洲，习惯用桃花芯木、破布木与玉米套种。

农林间作同样是中国最重要的混农林业形式，而且规模和模式都处于世界先进行列。由于中国复杂多变的气候条件和农业的特殊地位，在农区进行林农间作是为了改善农田的生态条件，以提高和巩固农作物产量。其主要模式有农桐间作、果（枣）粮间作、杨粮间作、杉粮间作、茶粮间作等。中国南方杉木人工林区，普遍推行在杉林中套种农作物，油桐种植区流行桐粮间作；西双版纳运用橡胶与茶叶、砂仁套种；山西、河北中南部及河南等地流行桐粮、桑粮、枣粮及柿粮套种。随着林间套种实践的不断推进，研究热潮不断，特别是 20 世纪 70 年代以来，林间套种已成为一个有别于农、林的新学科。

2. 主要类型

中国地域辽阔且各地区自然条件差异较大，只有因地制宜采取不同间作模式，才能最大限度发挥农林间作的综合经济效益和生态效益，有利于农林间作可持续发展。因此，根据各地生态特点，中国农林间作模式在各个地区有所不同。根据不同的地理条件，种植目的以及作物自身的特征，大致可将农林间作分为 3 类。

（1）以农为主的间作模式

农林长期共存，如枣树与农作物间作，枣树具有根深、冠幅稀疏、发叶晚、落叶早等特点，避免了林木与农作物争水、争肥和争光的矛盾。这是中国农林业规模最大、历史最悠久的一种主要形式。适用于风沙危害较轻的地区，土壤质地较好的地区，林木宽行种植或散栽稀植。如山东省德州市乐陵无核金丝小枣与大豆、食用豆、中草药等的间作模式，取得了很好的经济效益和生态效益。

（2）以林为主的间作模式

在 3~5 年幼林期内，林木未郁闭前间作农作物，既可得到短期收益，又可促进林木生长，这是山区主要的林农复合生态系统立体经营类型，如苹果、梨、仁用杏间作豆类、蔬菜、中药材等，也是近几年黄淮海地区道路两旁的主要间作种植模式。林木郁闭后，采用疏伐或改种耐阴性经济作物。适用于土壤贫瘠、人口稀少的地区。

（3）农林并重的间作模式

适用于风沙危害较大，降水稀少的干旱地区。在黄土高原丘陵沟壑区，枣—农间作、梨—农间作等农林间作模式，具有显著的经济效益和生态效益。

3. 优势特点

农林间作不但解决了秋冬季林木和果树落叶问题，而且通过林间耕作、施肥等农艺措施，改善林木生长环境，提高了林地肥力水平，实现了林地水、肥、气的协调，促进林木生长。从而解决了长期效益与近期效益之间的矛盾，实现了生产效益、生态效益的平衡优化，且增加了农民收入，保持农村稳定，促进了农民增收。特别是林粮间作，林果带距小，对农作物的防护作用优于其他防护林；林粮间作立体种植，对光、热、水等自然利用充分，林粮根系分布不同，可以全面利用土壤养分，林粮优势互补，同时获得良好的经济效益。受干热风危害影响严重的地区，依据间作模式的不同，农林间作的林木使风速降低 10%~80%，确保了作物免受干热风的危害。

（二）林草间作

林草间作是指由多年生木本植物（乔木和灌木）和多年生或一年生牧草在空间和时间上的有机结合形成的复合经营方式。林草间作是一种持续而稳定的土地利用方式，具有改善环境、改良土壤、控制水土流失、提高生产力和充分利用自然资源、增加系统生物多样性和稳定性等方面的巨大潜力，在国内外得到广泛应用和发展。依照世界混农林业中心（International Center for Research in Agroforestry, ICRAF）分类标准，林草间作属于复合农林业系统这一大类。林草间作可以分层利用光能，增产农副产品，有效缓解林牧矛盾，同时间作牧草可以增加土壤有机质，为间作系统提供养分，改良土壤结构，增加土壤蓄水能力等，是一种综合的发展理念。林草间作、饲料场防护林、果树以及经济林中的生草栽培等是我国常见的林草复合形式。目前，我国林草间作的研究主要集中在间作物种稳定性、蓄水保土、环境效应、系统结构、经济效益等方面。林草间作是林木与草实行间作的种植模式，在我国丘陵和山地得到了大面积应用，具有显著的经济效益和生态效益。

1. 适宜间作的林草种类

适宜间作的树种主要有杨树、刺槐、柿树、枣树、银杏、香椿、核桃、杏树、花椒、苹果、李树、石榴、樱桃等。适宜间作的牧草主要有紫花苜蓿、百脉根、白三叶、黑麦草等。

通过多年的试验示范，筛选出了适合库区种植的优质高产牧草种类及水土保持的牧草种类。优质高产牧草有黑麦草、墨西哥玉米、高丹草、杂交狼尾草、菊苣、紫花苜蓿、白三叶、红三叶、多花木兰，其中，前 4 种为一年生牧草，后 5 种为多年生牧草。用于水土保持、且适合低山区种植的牧草为百喜草，适合中高山种植的有三叶草、鸭茅、苇状羊茅等；多花木兰的适应范围很广，但因属于豆科小灌木，需要连片种植，才能达到应有的效果。

2. 主要类型

我国的林草间作主要可分为两类。

（1）长期间作型

通过采取一定的措施，控制树木与牧草之间的不良竞争，使牧草与树木长期共存的林草间作类型。要林草并重，复合经营，通过综合运用定植技术、园艺措施、加强土肥水管理等方法，缓解树木与牧草争夺水分、肥料、光照的矛盾，使林草和谐相处，长期共存。

（2）前期间作型

在造林后到幼林郁闭前，利用树行间的土地种植牧草，获得牧草收益，当牧草开始影响树木生长或林下环境变得不适应牧草生长时，逐步铲除牧草的暂时性间作类型。主要是以树为主，以草为副，逐步铲除影响树木生长的牧草。

3. 优势特点

林草间作是利用林木和牧草生长的时空互补关系，以提高水土资源利用率，实现增产增收目的而形成的一种集约化种植模式，同时有改良土壤、改善田间微环境、促进作物生长发育的优势。林草间作能提高光能的利用率，同时可改善林地小气候，与没有间作套种的林地相比，间作套种的林地温差减小，能增加土壤肥力，促进树木的生长；能改善土壤结构，有效地减少地表径流和养分的流失，起到涵养水源、防风固土等作用；还能够实现林业、农业和畜牧业的有机结合。林下间作牧草，可以快速提高林草覆盖度，增加经济收入，是提高林地使用价值的一条新途径，受到了广大林农的欢迎。近年来，在退耕还林中日益受到重视，并被大面积推广应用，取得了良好的生态效益和经济效益。

在黄土丘陵沟壑区，经过 3~5 年的林草间作种植，可使牧草产量提高 5~7 倍，近期可获得牧草的收益，远期有林果的收益，可以发挥出长短期相结合的经济效益，帮助农民早日脱贫致富。林草间作种植模式，既可除莠施肥、改良土壤、提高林果单位面积产量，又可收获牧草饲养家畜发展畜牧业。同时，林草间作模式不仅增加了林草的种植面积，也促进了牧草加工业的形成和发展，而且给农户带来很大的经济利益。同时，林草间作的立体植被结构通过冠层截留降水，降低水滴势能，调节降水分配，通过种草增加地表粗糙度和表层土壤根系，降低地表径流量和土壤侵蚀量，从而达到土壤—植被系统保持水土的生态效能。

（三）粮草间作

所谓粮草间作，就是选择禾本科粮食作物和豆科牧草按适当比例种在一个地块里，以获得粮草双丰收，既能肥田又可提供优质饲料的良好效果。

1. 成功模式

在松嫩平原西部的中低产耕地土壤上，通过实行麦、肥混种，翻压绿肥，夏播大豆和玉米，三年粮肥轮作后，耕层土壤有机质和各种养分含量均得到有效提高，土壤的蔗糖转化酶增加，pH 值降低，土壤生物活性增强。玉米间作牧草，能有效减轻坡耕地水土流失，在高强度降水中，水土保持效果更明显。玉米间作混播草带，侵蚀量比玉米裸地单作显著减少 68.9%~84.5%；玉米间作草带的总侵蚀量，比玉米裸地单作显著减少 60.8%~70.0%。玉米草木樨间作，可培肥地力，改良土壤，从而提高经济效益，并获得良好的生态效益。粮草带状间作，可有效增加地表粗糙度，比裸地平均降低近地面 5cm 风速 31.6%，风蚀量平均降低 79.4%；减缓地表风蚀粗化，>1mm 的砾石为对照裸地的 25%；生物量达 3 773 kg/hm^2，是天然草场的 5.7 倍。同时具有轮作培肥土壤的作用，是适应当地条件的有效、简单、经济可行的防风蚀方法。

2. 主要类型

（1）玉米苜蓿间作

这种间作模式在我国坡耕地粮草间作中应用较为广泛，玉米和苜蓿共有 5 种间作模式。在渭北黄土高原坡地不同坡度的玉米苜蓿间作模式，在渭北旱塬坡耕地上 10m 苜蓿带和 10m 玉米带的间作模式，在山东泰安不同苜蓿和玉米行数比的间作模式（2∶2、3∶2、4∶2、5∶2），在贵州坡耕地上紫花苜蓿玉米间作、作物分带轮作，内蒙古的青贮玉米苜蓿间作模式等。

（2）谷子（糜子）苜蓿间作

在宁夏南部旱区进行了 6 个不同粮草间作模式，主要是谷子或糜子与苜蓿的间作种植模式。

（3）马铃薯苜蓿间作

在黄土丘陵沟壑区采用春小麦、鹰嘴豆、马铃薯与紫花苜蓿间作，马铃薯与紫花苜蓿间作模式能更佳有效地减少地表径流量和降低土壤侵蚀量。

（4）玉米草木樨间作

在黑龙江多地开展了早熟密植玉米与草木樨横坡沟垄带状间作模式，粮草用地比例为 2∶1。

（5）黄豆苜蓿间作

在松干流域采用黄豆苜蓿间作种植模式，能有效减少土壤氮磷流失。

（6）玉米斜茎黄耆间作

在辽西地区玉米斜茎黄耆间作（4∶2）模式可以种植推广。

（7）无芒雀麦斜茎黄耆间作

在黄土高原半干旱地区，无芒雀麦与斜茎黄耆带状间作，有助于大幅度提高无芒雀麦的产量，同时促进了斜茎黄耆的生长。

（四）作物间作

大田作物间作是指粮食作物与粮食作物、经济作物、油料作物等的间作模式。

1. 主要类型

现行的大田作物间作形式很多，禾本科作物与豆科作物的间混作是遍及全球的做法。目前，作物间作模式按间作作物可分为包括豆科作物的间作体系和不包括豆科作物的间作体系两大类。豆科作物的间作体系因存在共生固氮和氮转移等特点，而成为农业生产上主要的间作模式。禾本科和豆科作物间作体系，利用豆科作物的生物固氮优点，不仅减少了作物生产中的化肥投入，还具有高产高效、减排温室气体、可持续等特点。

在拉丁美洲，主要是玉米与菜豆间作；在非洲，则多为玉米、高粱与豇豆间作。在中国，玉米与豆类的间作分布很广，从东北到西南各处都有。除了禾本科与豆科间作外，中国的小麦与玉米间作、玉米与马铃薯间作、麦类与豆类及绿肥间作、高粱与谷子间作等模式，广泛存在。

2. 成功模式

间作套种在我国有着悠久的历史。早在公元前 1 世纪，中国就有关于瓜豆间作的记载；公元 6 世纪，有桑与绿豆或小豆间作、葱与胡荽间作的经验；明代以后，麦豆间作、棉薯间作等已经比较普遍，其他作物的间作种植也得到发展。

20 世纪 60 年代以来，我国的间作种植面积迅速扩大，有高、矮秆作物间作和不同作物种类间作，涉及粮、经、饲（肥）、菜、瓜、药、果（林）等多种作物。如粮食作物与经济作物、饲料作物、绿肥作物的间作等多种类型；尤其以玉米与豆类作物的间作最为普遍，广泛分布于东北、华北、西北和西南各地。此外还有玉米花生间作、玉米马铃薯间作、小麦蚕豆间作、甘蔗与花生或大豆间作、高粱与粟间作等。目前，中国的间作、套作方式很多，在生产中发挥主要作用的成功间作、套作模式如下。

①玉米大豆间套作（四川、重庆、广西、甘肃、河南、安徽、山东、内蒙古等）；小麦玉米间套作（河西走廊、内蒙古河套、银川平原及东北、南部）；

②小麦棉花套作（南方棉区）；

③麦套玉米再套甘薯（西南丘陵旱地）；

④棉花和西瓜、棉花和蒜、小麦和西瓜和棉花、棉花和绿豆、早春菜和棉花等以棉花为基础的间套作（适用于棉区）；

⑤粮饲间套作（南方稻田套种紫云英、北方小麦套种箭舌豌豆或毛苕子等）；

⑥粮菜间套作；

⑦稻田复合林粮果间作，等等。

3. 分布区域

在中国的不同区域，常采用的间作套种模式只有 1~2 种。在华北平原，生产期较短的地方，多采用小麦玉米间作的方式。此外，小麦棉花间作、小麦花生间作、小麦甘薯间作等，也占有一定面积。在东北、西北地区，主要发展了以玉米为主的间作，如玉米豆类间作的分布就较大，在高水肥地上和热量较多的地方还发展了小麦马铃薯间作、小麦大豆间作等。陕西关中西部是油菜高产区，20 世纪 70—80 年代，在粮油争地、油菜面积上不去、资源优势得不到发挥的情况下，通过采用粮油间作获得了成功。线辣椒是陕西关中地区出口创汇的优质产品，20 世纪 80 年代以前单作效益不高，通过发展小麦辣椒间作模式以后，效益大幅度提高。陕北地区通过小麦玉米间作套种，促进了小麦的进一步推广。在甘肃河西走廊、宁夏引黄灌溉区，内蒙古河套灌区、土默特川黑河灌区，通过大面积推广小麦玉米间套等技术，对粮食生产起到了很大的增产作用。内蒙古西部河套灌区和宁夏引黄灌区，由于土地盐碱性较大，通过实行小麦与耐盐碱的油葵间作，获得了丰产，既解决了当地的粮油争地矛盾，又增加收益，还利用了向日葵的耐盐碱特征，一举多得。

同时，同一种作物，不同基因型之间的间作模式，如紧凑型与半紧凑型玉米品种的间作，同样可以提高群体质量，延长叶片功能期，提高光合效率，增加籽粒产量；适合密植的紧凑株型玉米和稀植大穗型玉米的高、矮间作种植，均比单作种植产量显著提高。

玉米和豆类的间作分布很广，从东北到西南各地都有。如蚕豆玉米间作是我国西北一熟制地区大面积推广的一种种植模式，花生玉米间作、大豆玉米间作则是黄淮海平原很普遍的一种种植方式。

4. 主要间作作物

目前我国的间套作类型，所涉及的作物很多，主要包括小麦、大麦、燕麦、谷子、水稻、黑麦草、玉米、甘蔗、高粱、花生、大豆、绿豆、木豆、豇豆、苜蓿、棉花、甜菜、巢菜、向日葵、烟草、大蒜、红薯、番茄、西瓜、黄瓜、甘蓝、萝卜、菜豆等，间作组合达 50 多种，此外还有橡胶和咖啡、橡胶和食用作物、椰子和可可树、香蕉和咖啡等多年生作物之间的间作。因此，研究间套作对我国乃至世界的农业生产，都具有十分重要的意义。间套作分布如此之广，存在种类如此之多，主要是其相对于单作具有充分利用光、热、水、养分资源的特点。

二、间作原则

间作套种能够充分利用土地、光照、水分、养分等自然资源，并且在很大程度上提高间作体系的产量，所以间套种植模式在世界各地广泛应用。相对于单作，间作具有明显的产量优势和资源高效利用的特点，间作体系作物总产量一般都高于单作产量之和，间作能提高复种指数，降低化肥的投入，使化肥利用率得到提高，还能减少病虫害，使农田养分得到有效利用。尤其是我国的很多地区，光、热资源丰富，适于发展间作套种，随着单位耕地产出率的提高，作物对养分的需求也随之加大。合理间作要坚持以下原则。

（一）合理搭配，协调生产

要根据当地的自然光、热资源条件和水、肥等生产条件，根据作物的生物学特性，进行作物的合理搭配。以充分利用光能资源，减轻两种作物在共生期内争水、争肥、争光的矛盾，协调利用地力。农作物对光能的利用率最高可达到 6%，而现在的光能利用率平均小于 1%，世界上最高产地块的光能利用率已接近 5%。玉米大豆间作的光能利用率可以提高到 3%，因此，在提高光能的利用率方面具有很大的调整空间。根据多年的间作试验与示范推广经验，在间作的品种搭配上要注意以下几点。

1. 空间利用方面

要选择高秆与矮秆、株型松散与株型紧凑搭配，如玉米可与马铃薯或豆类等作物搭配，在叶型上选择尖叶类作物（如单子叶中的禾谷类作物）和圆叶类作物（如双子叶中的豆类、薯类作物）搭配。

2. 用地与养地方面

要注意用养相结合，在根系深浅上，选择深根性作物与浅根性作物搭配，如粮食与蔬菜，以便充分利用土壤中不同层次的水分与养分。

3. 作物对光照强度的要求方面

选择耐阴作物与喜光作物搭配，如小麦（喜光）套种马铃薯（耐阴）或间作豆类（耐阴）、玉米（喜光）与大豆（耐阴）间作，等等。

4. 选择适宜当地种植的丰产品种

对间作而言，首先要选择好搭配作物的种类，其次要求所选择的两类作物品种的生育期相近、生长整齐、成熟期一致。在选择经济作物种类时，要选择和确定适应性强产量高的品种。同时，应注意不同作物的需光特性、生长特性以及作物之间相生相克原理，发挥作物有益作用，减少作物间抑制效应。

（二）适宜配置，机械管理

配置方式是指在间、套作或带状种植中，两种作物采取在行间或者隔行、或呈带状的间、套作。

1. 两种作物共同生长期长，宜采用带状间作种植

如大豆洋葱间作种植时，应以 1m 为一带种植，采用行比 1∶5 间作种植模式，其中 70cm 带宽移栽洋葱 5 行，30cm 宽种大豆 1 行；大豆玉米间作，一般采用行比 3∶2、4∶2、4∶3 的间作种植模式，即以 3 行大豆间作 2 行玉米、4 行大豆间作 2 行玉米、4 行大豆间作 3 行玉米，这三种间作配置方式和配置比例的群体结构较好，既可发挥玉米的边行优势，增加玉米产量，又可减少玉米对大豆的遮阴作用，获得较高的大豆产量，增产增效较显著。

2. 两种作物共同生长期短，可在行间或隔行间套作

如玉米大蒜间作，可实行玉米大小行种植，大行 83～85cm，种植大蒜 4～5 行；玉米马铃薯间作种植，玉米实行大小行种植，大行 80cm，小行 40cm，大行可种植马铃薯 2 行。

在实际生产中，应根据主要作物和次要作物确定适宜的间作配置方式和配置比例。在具体的种植过程中，还要处理好农机与农艺结合、良种与良法配套、节本与增效并重等问题，只有实现种管收全程机械化管理和精简化栽培，最大限度地降低生产成本、增加收入，才能提高新型农业经营主体和小农户的种植积极性。

（三）合理密植，适宜密度

实行间作套种后，改变了作物的群体结构，创造了边行优势，提高了作物的通风透光条件。因此，可适当增加种植密度，促进群体增产。大量研究和生产实践表明，群体密度增加对间作的增产效果明显，间作套种复合群体适宜的总密度要高于单作中的任何一个，才能实现增产增收，而密度不足、缺苗断垄，则会造成减产。不同作物间作，密度的增加幅度略有不同。例如，小麦在间套种中，密度一般比单作提高 20%～30%，玉米一般提高 30%～50%，多数间作种植作物的密度比单作可以增加 30%～40%。

（四）综合管理，减少竞争

间作套种要针对不同作物的水肥需求，采取相应的、综合的田间管理措施，特别是在灌水、施肥方面，既要考虑主作物对水肥的需求特点，又要兼顾间作作物的水肥需求特性，同时协调好二者之间的关系，促进共同生长发育，尽量避免种间竞争。而且要扩大间作互补效应，达到共同增产，尽可能减少二者的竞争效应。目前在我国西北、西南、华北等大部分地区，针对间作套种田间管理方面的研究和措施已得到了深入和广泛的应用，大部分新型农业经营主体负责人和部分农民已经掌握了间作套种的种植技术和管理技能。

三、间作效应

间作能增产也能增收，但间作作物间同时也存在互补与竞争，即两种作物在环境资源利用上发生争夺，并且两种作物高度差、密度、行比及环境因素都影响竞争的态势，密度不同或者密度相同而行比不同，其种间竞争态势及效应不同，从而引起产量和品质的差异。研究表明，间作互补效应（间作优势）是由密植效应和补偿效应构成的，增加密度（密植效应）是间作优势形成的基础，而两作物协调互补（补偿效应）则是间作优势形成的条件，即当两种效应之和最大时，间作优势才最大，产量才得以显著提高。同时，产量与品质存在着一定程度的负相关，通常是产量越高品质越差，产量越低品质相对较高。因此，如何处理好产量和品质之间的关系，最大幅度地发挥间作的互补优势，是当前作物间作所面临的难题。作物间作具有以下效应。

（一）异质效应

利用作物生物学特性的差异，正确选配、组合作物结构所起到的互利作用，称为异质效应。作物在生长发育过程中，必须从环境资源中截获和吸收各种生活因素，如光、热、水和养分，并构建它们的躯体，其中某一部分就是经济产量。各种生物种群均能以其特有的形态学、生理学组成不同的生态龛，从时间上、空间上、利用能力上适应生活因素分配上的不均一性，并很好地吸收和利用。植株形态上的一高一低，有助于立体用光；生态上的一阴一阳，有利于协调生态环境；生理上的喜磷、喜氮，可以充分而均衡的利用养分，玉米大豆间作、玉米和洋芋间作套种都是异质效应利用的典型事例。

间作套种普遍的规律是：作物之间的种间关系越远，越有可能发挥较大的异质效应，粮食作物与经济作物，特别是与蔬菜作物实行间作，为广泛利用异质效应开辟了广阔的前途。但是，不是所有作物都存在异质效应，具体的作物组合必须经过试验、示范、生产实践才能加以确定。两种生物学特性基本相同的作物实行间作，且采用 1∶1 的种植比例，密度同各自单作的种植密度相同，此时间作的产量与单作的产量相同，故不产生异质效应。一般玉米与高粱、小麦与大麦间作时，大多会出现类似情况。相反，两种生物学特性不同的作物间作，则表现出异质效应。研究表明，谷类作物与豆类作物间作套种，土地当量值多集中在 1.2，高的甚至达到 1.5。这就是间作异质效应的表现。

（二）密植效应

种植密度是影响复合群体整体产量的关键。在间作套种中，一般种植密度大于单作密度所起的增产效应，可用密度当量值表示，即以单作密度去除混合密度所得到的值。由于作物之间形态学上的不同，在间作中可以适当提高混合密度，增加光合面积，以便充分利用资源条件，获得增产效益。

1. 玉米菜豆间作

种植比例有 3 种，占单作比例如下。

（1）玉米 100%：菜豆 100%，密度的土地当量值为 1.42；

（2）玉米 100%：菜豆 50%，密度的土地当量值为 1.40；

（3）玉米 50%：菜豆 100%，密度的土地当量值为 1.20。

2. 玉米大豆间作

玉米单作密度为 3 000~4 000株/亩，大豆单作密度为 15 000~25 000株/亩，混合密度以玉米 100%：大豆 50%效果最好，比单作增产 10%~26%。玉米大豆间作时的边行优势高达 0.5~1.0m，东西向的边行密植时增产 40.8%，南北行密植时增产 94.3%，且密度越大，边行和中行的差别越大。可见，间作时高密度较好。

在大量的间作种植模式中，混合密度掌握的原则是主作密度不变，副作密度适当减少，如果单作密度偏低，密度当量值可达 2.0。

（三）边际效应

边际效应是由于边行或空带存在所提供的资源条件，使靠近边行或空带的若干行作物表现出增产效应。边际效应对间作群体的产量有很大影响，高位作物表现为边际优势，而矮位作物表现为边际劣势。间作边行的单位面积产量均高于单作内行。

1. 玉米大豆间作

间作系统中两种作物存在种间竞争，种间竞争通常会导致两作物中处于竞争劣势地位的一方减产。在带状间作系统中，高秆作物或者早播作物占据优势生态位而使其获得积极地进行效应，即边行获得了较中间行或者单作更高的产量。玉米大豆间作模式下，地上部优势的贡献主要来源于间作玉米的边行优势，玉米蚕豆间作、小麦大豆间作、油菜大豆带状间套作时，边行优势的结果一致。边行玉米产量增加了 20%~24%，边行大豆产量降低了 10%~15%。间作玉米株高和穗位高度表现出边行优势，显著低于单作玉米和间作内行玉米；产量构成因素（果穗长、果穗粗、单穗粒数、收获指数）表现出边行劣势。

间作对玉米、大豆各项生长指标均有不同程度的影响，间作玉米的产量及产量性状指标均高于单作模式，尤其边 1 行的优势更为明显。单作玉米、单作大豆、1∶3 间作和 2∶3 间作的籽粒产量相比，单作均高于间作群体内玉米和大豆的籽粒产量，但间作群体的总产量分别比单作玉米和大豆的产量高约 6.0%和 32.0%；间作种植收入比单作玉米高 56%~60%，比单作大豆高 70%~74%。以玉米单产为主时，玉米、大豆行比为 1∶1 或 1∶2，能充分利用光能并提高光能利用率；以大豆单产量为主时，一般行比 1∶4 的大豆产量达到 361.5kg，比1∶1 行比的增产 113.98%。玉米大豆间作 1∶3 行比能形成最佳的玉米大豆间作复合群体，早熟春大豆能充分利用玉米的剩余资源，经济效益高。

2. 间作小麦

小麦与其他作物间作，其边际效应可以达到 3 行，表现为边 1 行>边 2 行>边 3 行。小麦的边行优势可深入 0.5m，一般达 2 行，边 1 行较中行增产 31.6%~60.6%，边 2 行较中行增产 14.2%~18.3%。窄带型边际效应值在 100%~200%，平均为 129%，即可以弥补 1.29 行的小麦产量损失；宽带型边际效应值在 100%~300%，平均为 165%，可以弥补 1.65 行的小麦产量损失，故空带 33cm，少种 1 行小麦，靠边际效应可以实现小麦不减产，甚至略有增产。间作边行小麦 0~100cm 土层中的根质量密度优势明显高于单作小麦，小麦产量与 20~40cm 土层中的根质量密度呈显著正相关关系。

小麦玉米间作模式下，间作小麦边行有效穗数较中间行提高 87%，穗粒数也显著高于中间行，但千粒重低于中间行，边行对间作小麦产量贡献率（50%）高于所占比例（1/3），具有边行优势。小麦玉米套作条件下，玉米比平播增产 15.1%，小麦产量比单作增产 83.1%。边行玉米可以增产 1.8%~5.6%，而边 2 行增产不显著。

3. 间作谷子

随着谷子沟垄宽度的变大，不同带型谷子的边行优势增强，产量边际效应指数和边际效应均增大，边行的增产作用呈上升趋势，最大增产率达到 196.5%。

在生产实践中，间作套种的边际效应普遍存在，只要有空带，就有边际效应，其值变动很大。

（四）时空效应

时空效应包括时间效应和空间效应，也就是时间和空间上的集约种植效应。

1. 时间效应

时间效应是根据时间的延续性，正确处理作物间的盛衰关系，更有效地利用气候资源所起的增产效应。间作套种由于采用不同高度、不同品种、不同基因型、不同生长特性的作物相间相继种植，处于不同生态位的作物对光的吸收和投射不同，因而形成了群体立体受光的层面，从而更充分地利用了光能。间套作玉米群体内，光照条件随着层高的下降而变差，并受太阳高度角的日变化影响，因此表现为中午最佳，下午次之，上午最差。

在陕西关中西部部分地区，间作套种玉米比麦收后复种玉米早熟 10～15d，争取积温 157℃和日照 81h，单穗增加 22g，玉米增产 20%左右。生育期 85d 的玉米与 120d 的花生间作，可增产 20%～60%；生育期 80d 的菜豆与 120d 的高粱间作，可增产 55%左右，间作品种生育期相差 30～60d，错开盛衰期，效果最好。两个间作作物有 25%以上的生长期差别或者 30～40d 成熟期的间隔，间作的效果相对较好。

2. 空间效应

空间效应是利用不同作物根、冠在空间分布上的层状结构，充分利用生态龛所起到的增产效果。玉米马铃薯间作就属于二层结构，玉米在上部更好地利用光能，马铃薯在下部后期受玉米遮阴，反而有利于薯块的形成。马铃薯块茎形成期最适温度为 16～18℃，在 20～25℃时形成缓慢，高于 30℃形成停止。所以，马铃薯与玉米间作后，玉米的遮阴降低了马铃薯后期块茎形成时的温度，促进了马铃薯块茎的形成，所以玉米马铃薯间作具有明显的空间效应。

（五）补偿效应

在间作套种中，非寄主作物 B，能分散或捕捉害虫、病源菌等，使寄主作物 A 受到的危害较单作时轻，且当 A 作物受到危害时，B 作物又能充分利用未被 A 作物利用的生活因素，从而表现增产优势，以补偿 A 作物造成的产量损失，这种效应叫补偿效应。

如豆科与非豆科间作，豆科作物在生长期间固定空气中的氮，还可部分的分泌于体外，有利于非豆科作物的生长。在印度，把 5 种豆科作物与高粱间作时，每公顷有 60～80kg 的氮给了高粱；每公顷花生可给玉米提供 40kg 的氮，每公顷绿豆可给玉米提供25kg的氮。另外，由于需氮的非豆科作物吸收了土壤中的氮，而使某些豆科作物从减少氮中得到好处。间作玉米品种‘豫玉20’比单作时的叶斑病和叶锈病分别降低46.6%和27.9%，不同抗病性品种间作后，构成的复合群体对其病害的抗性显著提高。间作玉米比单作的玉米螟被害株率减少，天敌增多，系统产量提高。玉米大豆间作还能抑制田间杂草生长。

四、增产机理

间作套种不但可以提高土地利用率，还能够合理配置作物群体，使作物高矮成层，相间成行，有利于改善作物的通风透光条件，由间作形成的作物复合群体可增加对太阳光的截取与吸收，减少光能的损失和浪费，提高光能利用率，充分发挥边行优势的增产作用。同时，两种作物间作还可产生互补作用，如宽窄行间作或带状间作中的高秆作物有一定的边行优势，豆科与禾本科间作有利于补充土壤氮元素的消耗等。但间作时不同作物之间也常存在着对阳光、水分、养分等的激烈竞争。因此对株型高矮不一、生育期长短稍有参差的作物进行合理搭配，并在田间配置宽窄不等的种植行距，有助于提高间作效果。当前的趋势是旱地、低产地、用人畜力耕作的田地及豆科、禾本科作物应用间作较多。

（一）提高光能利用率

间套作采用不同高度、品种、基因型和生长特性的作物相间相继种植，使处于不同生态位的作物对光的吸收和投射不同，形成了群体立体受光层面，更充分地利用了光能。对间套作玉米光照的垂直分布研究表明，玉米群体内光照条件随层高的下降而变差，并受太阳高度角的日变化影响，因此表现为中午最佳，下午次之，上午最差。对玉米花生间作体系群体的光照强度、光分布进行测定表明，间作玉米基部光照强度比单作玉米高，同时间作有利于玉米下层叶片获得较高的光照强度。玉米间作大豆在不同带型配置指数（SCI）下，随SCI降低，大豆受光条件得到改善。从群体光分布来看，间作玉米中下部透光率随带距的加宽而提高。玉米与马铃薯间套作，其株型、叶型、需光特性不同，增加复合群体总密度，从而增加了截光量和侧面受光，减少漏光和反射，改善群体内部和下部的受光状况，提高了光能利用率。

玉米大豆间作的平均透光率比单作玉米高 10%~20%。玉米草木樨间作，底层光照强度分别比单作提高 43.2%和 27.9%，间作光能利用率比单作提高 39.44%。玉米辣椒间作比单作形成了较好的透光条件，间作玉米株高 2/3 处的透光率比单作玉米增加 64.6%。小麦玉米间套作复合群体透光率比单作小麦和单作玉米分别提高 38.7%和 26.4%，光能利用率分别提高 16.97%和 12.11%。

合理叶层结构是提高光能利用率的重要因素。玉米辣椒间作生长盛期时，间作玉米叶集中在 100~160cm，占总面积的 80.6%。玉米大豆间作群体中，在玉米吐丝期调查，玉米在 80~100cm 层次的叶面积占总面积的 60%以上，大豆叶片叶面积则集中在 40~80cm 层次内，这样二者占据不同的空间配置“层次化”，避免了单一作物群体上挤下空的叶层分布，为光的透射创造了条件，使群体改平面光为立方体用光，改单面受光为多面受光。

（二）充分合理利用水分

不同作物根系分布的密度和入土深度范围不同，增加了根系吸收土壤水分的面积，有利于充分利用不同层次中各种形式的土壤水分，玉米 80%根系分布在 20~40cm，大豆根系可深入到土层 1m 以内，玉米大豆间作，根系吸收不同土层的水分，扩大地下部分根系的吸收范围，提高水分利用率，改善土壤水分布状况，使根系生长处于比单作较有利的地位。玉米大豆间作相关研究表明，以单作玉米产量的 100%，则玉米根系隔离产量为 118%，根系不隔离的则为 132%，说明玉米密度改变条件下，间作增产的 32%中有 18%是受地上部分光、热、气的影响，14%是地下部分肥、水的作用，玉米大豆间作，作物层次增加，叶面积加大，增加地面的覆盖度，可保护土壤结构，减少地表径流，水分渗透率提高，损失率降低，增加水分的有效性。

（三）改变田间群体小气候

间作形成的带状结构，改变群体中的田间小气候。在大豆结荚盛期，与小麦间作的大豆比单作的株间通风率提高 74%~84%。风速的提高对植株的光合作用有很大促进，较好的通风可以改善 CO_2 的供给条件，间作群体中 CO_2 含量的高低直接关系到作物进行光合作用的快慢，因为 CO_2 是进行光合作用制造碳水化合物的原料，而群体中风速又与 CO_2 密切相关，风速大空气流动快，有助于带来更多的 CO_2。玉米小麦间作，玉米冠层中部 CO_2 浓度为 260μmol/mol，明显高于单作玉米冠层中部的 CO_2 浓度 243μmol/mol。间作后玉米株高 2/3 处 CO_2 含量增加，平均比对照增加 9. 75μg/g，并随玉米行比的增加，幅度稍有增大，但基部变化不大，花生也有相同的趋势。间作后玉米行间的风速增大，平均比单作增加 0. 13m/s，花生上部比单作增加 0. 05m/s；风速与叶温也有关系，风速大，叶温就低，抑制呼吸作用，表现光合作用上升。风速最大的为玉米与生姜 1：2 间作模式，是单作玉米的 4 倍，其次为 2：2 间作模式，为单作玉米的 5 倍。

间作改善温度条件。玉米草木樨间作，早晨群体内垂直高度 60～90cm 的气温均大于单作，而中午却低于单作，形成了稳定的温度自调能力，有利于作物的生长。马铃薯玉米间作与马铃薯单作相比，8 月中旬晴天条件下，白天地面温度偏低 11. 9℃，中午偏低 19. 4℃，午后土温偏低 6. 5～7. 0℃，立体田株间气温较对照偏高 0. 3℃。平均相对湿度增加 18 个百分点，对减轻干旱对马铃薯的危害有良好作用。间套作玉米田比单作玉米，白天地面温度高 5. 0～6. 3℃，地面昼夜温差 4. 8～5. 6℃，麦田套种玉米田 5cm 和 10cm 土温，白天分别比单作玉米田高 2. 0～3. 9℃和 2. 6～3. 0℃。昼夜温差分别比单作玉米田高 0. 6～1. 5℃和 1. 8～3. 0℃，具有明显的促熟作用。可见，间作改善了田间作物群体的光温条件，而较单作群体显著增产。

（四）提高作物养分吸收

间套作种植是指同一田地上生长季节相近或相似的两种或两种以上的作物呈一定比例分行或分带种植，两种或两种以上作物种植在一起后，必然存在种间相互作用。间套作中作物种间的相互作用主要有两种，一种是种间相互促进作用（Facilitation）另一种是种间相互竞争作用（Competition），两种作用相伴生存，当竞争作用大于促进作用时，表现为间作劣势；当竞争作用小于促进作用时，表现为间作优势，即在间作系统中总是存在着养分吸收利用的相互促进和抑制作用。

豆科与非豆科作物间作是较常见的间套种植模式，在这种种植模式中，两种作物不仅可以充分利用光、热、水、气等资源，而且豆科作物可以通过各种途径向禾本科转移氮素，非豆科作物则可以通过竞争吸收土壤有效氮，使其维持在一个相对低的水平，促进豆科作物固定空气中的氮。间作条件下，禾本科作物的产量和氮素吸收量往往比其在单作条件下提高很多，表现出明显的间作优势。在两种作物的共生期间，豆科作物可以向禾本科作物转移一定量的氮素。水稻花生间作的共生期发生了氮素的转移，花生固氮量的 2%~3%转移到水稻体内，同时提高了花生的固氮效率。豌豆大麦间作系统，大麦体内总氮 19%是从豌豆植株中转移过来的。其他间作方式中也存在氮素吸收利用的相互作用，小麦玉米间作套种，不管是小麦施用氮肥还是玉米施用氮肥，都会增加配对作物地上部氮素的吸收量。由于间套作种植模式是在同一农田上栽培作物多方位、多层次利用时间和空间的一种农作方式，它既具有高产高效的可能，同时也集中了作物与环境、作物与作物的矛盾。豆科与非豆科作物间作，非豆科作物对豆科作物的遮阴会降低后者的固氮能力，而且豆科作物由于其向非豆科作物转移了部分氮素，其生长发育以及生物学产量、干物质的积累往往较单作低。间作系统中，豆科作物向非豆科作物转移很少或者不转移氮素，玉米豇豆间作中，也没有发现氮的直接转移。由此可见，豆科与非豆科间作系统中氮素转移和利用会因作物不同、生态环境不同而不同。

在磷钾营养方面的研究发现，间作系统中吸收的磷通常超过相应作物单作时的吸收量，也高于单作吸收量按间作比例加权平均的吸收量。间作中两种作物其中一种改善另一种磷营养现象具有一定的普遍性。木薯花生间作中，施入花生根区的^{32}P，可被木薯吸收 48%~88%。在小麦大豆间作的共生期间，小麦对大豆磷吸收有促进作用，磷的吸收量显著增加，而且间作作物磷、钾养分吸收总量比单作相应提高了 6%~27%和 24%~64%。间作体系中，作物养分吸收总量比单作高，养分再利用率相应比单作低，如果长期间作又没考虑间作田块的养分平衡，势必会造成土壤肥力耗竭。因此在间作中，要充分利用其优势，注意合理培肥，保持养分的平衡。

（五）提高抗灾害能力

间作复合群体改变了作物单作田间小气候状况，直接影响病虫害发生环境，使生态可塑性较小的病虫害减轻，而且间作系统中，作物种类增多，因害虫天敌增多而减轻虫害。

单作对自然灾害的抗御性单一，当发生严重自然灾害时，容易受灾减产甚至绝收。但是利用各种作物对自然灾害的抗逆性不同，如有的抗旱，有的耐涝，通过间套作将它们合理组合，则有利于减轻自然灾害的损失，在生产条件较差和技术水平较低的情况下，成为抗灾的基础。

间作套种在养分吸收利用方面较单作具有显著优势，作物营养状况也比单作条件好，因此间作套种在抗病虫害方面具有优势。当前间作套种防治病虫害已成生物防治病虫害综合体系中的重要技术措施。“作物巧间套，防病去虫不用药”成为植保新概念和新领域。早在 1872 年，达尔文就发现，小麦混种比种植单一品种产量高，病害少。德国、波兰、丹麦等国家运用间作混种技术成功地在全国范围内控制了病害的流行。在棉田管理中，利用麦棉套种、棉蒜间套、棉薯间作可成功控制棉蚜、棉铃虫的流行，从而实现“二代棉铃虫不喷药防治，作物生育期少用药、高效低残留”的用药原则。麦棉套种可减少二代棉铃虫卵 37. 8%，增加天敌 69. 6%。此外，蔬菜作物间作也可减轻媒介昆虫的传播，达到有效防治蔬菜病虫害的目的。在粮食作物上，大豆玉米间作或同穴混播后，蚜虫、造桥虫、豆天蛾、棉铃虫等虫害的发生率分别降低了 56. 2%、42. 8%、53. 8%和 25. 2%。不同基因型的水稻混种、间作，粳稻稻瘟病减少 86. 2%~99. 8%，杂交稻稻瘟病减少 34. 9%~52. 0%。在夏玉米辣椒间作生长盛期，间作玉米株高 2/3 处透光率比单作玉米增加 64. 6%，玉米对辣椒造成遮阴，辣椒顶部光强为自然光强的 84%，这种遮阴有效地抑制了辣椒的日灼病。大豆玉米间作、花生玉米间作，田间发生玉米螟为害的植株比单作玉米减少 13. 98%和 8. 56%，害虫的天敌——蜘蛛数量增加 18. 31%和 14. 19%；大豆玉米间作、绿豆玉米间作，比单作玉米田间害虫数量少，天敌多，尤其是玉米田的主要害虫玉米螟减少 32%~59%，食蚜蜘蛛减少 14%~43%；绿豆玉米间作，玉米纹枯病和玉米小斑病的发病率及病情指数均显著低于单作玉米。大豆玉米间作、混作，大豆田间的多种捕食性天敌数量显著高于单作，其中，瓢虫较单作分别增加 84. 04%、86. 50%；草蛉增加 58. 90%、80. 60%；蜘蛛增加 41. 3%、52. 3%。因此，大豆玉米间作、混作的大豆田，具有明显的生态控害作用。不同间作套种种植方式的玉米，均比单作玉米的玉米螟被害株率减少，天敌增多，系统产量提高。

第四节　玉米大豆间作示范推广应用

玉米大豆间作种植作为一种传统种植模式，一直在推进我国农业结构调整、保障国家粮食安全、促进农牧业协调发展中发挥着重要作用。从 2008 年起，农业农村部连续 11 年将玉米和大豆间作套种种植模式列为国家主推技术，2019 年被遴选为国家大豆振兴计划重点推广技术，在全国各地大力推广。2020 年中央一号文件明确提出，要加大对大豆高产品种和玉米、大豆间作新农艺推广的支持力度，以保障我国重要农产品有效供给和促进农民持续增收，为促进全国各地更好更快地进行玉米大豆间作栽培技术的示范推广提供了政策支持。有利于保证我国玉米产能、大幅度提高大豆自给率，对保障中国粮食安全具有重要意义。

一、我国示范推广情况

20 世纪 80 年代，中国间作面积已经达到 2 800万 hm^2，到 20 世纪 90 年代迅速增加到 3 300万 hm^2。间作具有明显产量优势，这一点已经得到广泛证实。例如，1990 年，甘肃一熟制灌区间作种植面积达到 20 多万 hm^2，其中有 6 000多 hm^2 的耕地单产超过 15t/hm^2；1995 年，宁夏间作种植面积共 75 100hm^2，生产了全区 43%的作物产量。

我国不同地区的间作套种种植模式多种多样。例如，小麦玉米间作（长江以北广大地区）、小麦棉花套种（南方棉区）、小麦玉米甘薯套种（西南丘陵旱地）、棉花西瓜套种、棉花蒜套种、小麦西瓜棉花套种、棉花绿豆套种、早春菜棉花套种（适用于产棉区），等等。

近年来，在我国南方，套种大豆发展迅速，在“十二五”种植业发展规划中，将西南、华南间作套种食用大豆列为全国三大优势产区之一进行建设。目前，玉米大豆套种在四川、重庆、广西等西南地区推广面积超过 1 000万亩，且有逐年增加的趋势，现已成为南方地区大豆的主要种植模式。作为农业农村部的主推技术，8 年来，四川省小麦、玉米、大豆套种推广面积达 1 726. 3万亩，增加农民收入 60. 65 亿元，显著提高了粮食生产能力。套种大豆的研究示范和推广应用，为缓解我国南方地区的粮食压力、增加农民收入、保障我国粮食安全做出了重要贡献。

2016年以来，结合国家大豆产业技术体系“十三五”重点任务及农业农村部种植业管理司粮油高产高效示范项目，在四川、甘肃、河南、安徽、山东、河北、湖北、湖南、江西、江苏、重庆、云南、贵州、宁夏、陕西、山西、内蒙古自治区（全书简称内蒙古）等地，开始玉米大豆带状复合种植技术的试验示范推广。近年来，四川、重庆、广西等地带状套种示范面积稳中有升，套种面积达800万亩左右，其中四川仁寿现代粮食产业示范基地高产示范1.2万亩，百亩示范片玉米测产平均亩产650kg，最高亩产730kg，大豆平均亩产130kg以上。云南、贵州、河南、宁夏、山东、安徽等地继续开展玉米大豆带状间作试验示范，在稳定示范面积的同时，主攻玉米、大豆协调高产，经测产表明，间作玉米产量与当地单作玉米产量相当，亩产可达600kg以上，大豆亩产80~100kg，其中，甘肃省武威市黄羊试验场40亩示范片，玉米平均亩产833.5kg，大豆平均亩产92.4kg，最高亩产104.6kg；河南省郸城县30亩示范片，玉米、大豆平均亩产分别为654.5kg和99.2kg；安徽省阜阳市100亩示范片，玉米、大豆平均亩产分别为618.7kg和112.3kg。

2003—2018年，在四川、重庆等19省（市）累计推广玉米大豆间套作复合种植技术7 139万亩，共计新增经济效益245亿元；减施纯氮量28.56万t，减少土壤流失量7 485t、地表径流量53.74万t；玉米产量与单作相当，每亩多收大豆100~150kg，总体新增大豆882万t，缓解了中国豆制品原料供应压力。

2019—2020年，在内蒙古包头市大力示范推广玉米大豆间套作种植技术，面积2万多亩。经专家测产，套作玉米平均亩产达到945kg，间作大豆平均亩产145kg。与常规覆膜玉米产量平均亩产978kg相比，产量相当，多收一季大豆580元。

近些年，吉林省开展了新型大豆玉米间作套种技术的试验探索，推行2垄玉米和6垄大豆间作，当地主导大豆品种与玉米‘豫单9953’套种，在种植比例、种植密度、品种应用、一次除草、用肥、耕作方式等众多关键技术环节上实现了重大突破，经济效益、生态效益大幅度提升，与常规种植玉米相比较，平均每亩纯收入可增加200元以上，同时节省化肥、农药使用量，减轻了农业面源污染。

2019 年，间作种植玉米的单位产量相当于常规种植玉米的 3 倍，大豆的单位产量增加，玉米和大豆的品质提高，种植成本下降，同时种植补贴收入增加。

二、黄淮海地区示范推广情况

黄淮海地区位于华北、华东和华中的结合部，地理位置优越、区位优势突出。黄淮海地区包括北京、天津、山东、河北、河南、江苏和安徽共 7 个省市。2015 年国务院办公厅印发的《关于加快转变农业发展方式的意见》明确提出，要大力推广轮作和间作套作，重点在黄淮海及西南地区推广玉米大豆间作套种。

1. 河北省

近几年，主要在河北省石家庄市藁城区进行了玉米大豆带状复合种植模式的示范推广。2018 年，河北省间作玉米平均亩产 518. 2kg、大豆平均亩产 195. 7kg；2019 年，藁城区在刘海故事种植服务专业合作社、旺农家庭农场等 19 个新型经营主体推广玉米大豆带状复合种植模式 5 000亩，间作玉米、大豆平均亩产为 517. 5kg 和 102. 3kg，其中间作玉米、大豆最高亩产分别达到 709. 2kg 和 131. 2kg。

2. 河南省

自 2015 年开始，河南省开始进行玉米大豆间套作种植技术示范推广。2019 年，河南省永城市 500 亩玉米大豆间作种植示范片，间作玉米平均亩 604. 4kg，大豆平均亩产 111. 5kg。

3. 安徽省

2017 年开始，在安徽省的阜阳市、临泉县开展了玉米大豆间作种植“百亩示范方”建设。2018 年，安徽临泉百亩示范方，间作玉米平均亩产 584. 5kg，大豆平均亩产 121. 6kg。

4. 山东省

玉米大豆间作主要在山东省的菏泽市和德州市进行了较大面积的示范推广。近 3 年在德州市示范推广玉米大豆间作高效种植技术 2 万多亩，取得了比较显著的效益，提高了种植积极性。下面主要介绍山东省德州市玉米大豆间作高效种植示范推广情况。

德州市是农业大市，光照、温度、降水和无霜期等自然条件适宜玉米、大豆等夏播作物的生长。作为全国首个整建制“吨粮市”，2020 年，全市耕地面积 966.0 万亩，其中玉米种植面积 740.0 多万亩，全市平均玉米单产 599.7kg。目前，全市新型农业经营主体流转土地面积 300 多万亩，占总耕地面积的 30%以上，新型农业经营主体已经成为引领德州市现代农业发展的主要力量。

德州市作为全国最大的非转基因大豆集散地和现货交易中心，年交易大豆约 300 万 t。目前大豆加工已成为德州市的优势产业之一，全市现有各类大豆加工企业 32 家，规模以上大豆加工企业 11 家，年加工大豆能力 220 万 t 以上。在各类大豆加工产业中，大豆蛋白产业优势突出，全市年产各类大豆蛋白近 40 万 t，占全国总产量的 50%左右。

2017 年，德州市农业科学研究院与四川农业大学联合开展了玉米大豆带状复合种植模式和关键技术研究与示范，在禹城市、临邑县建立示范基地 3 个，面积近 1 000 亩。测产结果显示，3 个示范基地的平均亩有效株数，玉米均在 3 500~4 000株，大豆均在 6 000~7 000株；玉米平均亩产 500~600kg，大豆平均亩产 80~120kg。

2018 年、2019 年，在德州市均建立了千亩示范田，2020 年建立了百亩高产示范田。几年来累计示范推广玉米大豆间作高效种植技术 20 000多亩。2018 年，间作玉米平均亩产 611.0kg，大豆平均亩产 84.4kg；2019 年，间作玉米平均亩产 549.06kg，大豆平均亩产 106.91kg；2020 年，间作玉米平均亩产 568.01kg，大豆平均亩产 123.26kg。在黄淮海地区实现了率先突破，通过配套精简化栽培技术和全程机械化管理，为当地农民和新型农业经营主体调整优化种植结构提供了新模式，为农业供结侧结构性调整和新旧动能转换提供了新选择。

三、存在的问题

根据多年的试验研究和示范推广经验，在玉米大豆间作种植示范推广过程中，主要存在以下几个方面的问题。

（一）生产机械

目前，我国玉米大豆间作种植普遍采用玉米和大豆分开分行播种的模式，该模式增加了机具作业次数，不便于田间的统一种植、管理和机械化作业，导致推广应用受到制约。

1. 播种机械

目前，适宜当地免耕覆秸条件下的玉米大豆间作免耕精量专用播种机械少、价格高，且性能不稳定，影响播种质量；暂未实现农机补贴。

2. 收获机械

适宜间作的大豆专用收获机械少，价格高，应用相对滞后，收获质量不高，且暂未实现农机补贴。

（二）播种质量

在农业生产的过程中，影响播种质量的因素较多，除了播种机械较少，还有以下几点因素影响播种质量。首先是适墒播种，由于 2019 年、2020 年夏季播种时旱情严重，影响了间作的播种质量。其次是播种密度，玉米大豆间作 2∶3 种植模式，播种时玉米密度应与单作相当，株距 12cm，有效株数 4 500~4 800株/亩；大豆株距 10cm，有效株数 8 000~8 700株/亩，这样才能保证收获时的有效株数达到玉米 3 500~4 000株、大豆 6 000~7 000株。最后就是农机手操作技术，由于培训不到位，机械播种过程中，常常会出现农机运行速度快、农机手操作不规范等问题，产生缺苗断垄现象，影响播种质量。

（三）田间管理

1. 大豆易旺长倒伏，影响产量和机械收获

由于夏季光照充足、气温较高、雨水集中，大豆容易旺长，导致田间郁闭而落花落荚，后期更易倒伏，影响机械收获，并造成减产。

2. 苗前除草效果不理想，苗后除草难度大

因天气干旱，喷水量不足，苗前封闭除草效果不好；苗后除草时玉米、大豆要分别施药，不仅增加了用工和农药投入，而且效果不理想。

3. 点蜂缘蝽为害比较严重，没有引起足够重视

近几年，点蜂缘蝽成为大豆的主要虫害，主要吸食嫩荚、籽粒汁液、叶片、嫩茎等，不仅降低大豆的产量和品质，造成“症青”，严重时还会颗粒无收。但该虫害没有引起种植者足够的重视，没有实现统防统治，严重影响了大豆的产量和品质。

（四）政府补贴

目前，玉米大豆间作种植没有物化补贴，影响了一部分新型农业经营主体负责人和农民的种植积极性。

四、推广前景

（一）大豆加工需要

2020年，山东省大豆种植面积239.15万亩，大豆总产量50多万t。全省大豆年加工能力近2 000万t，占全国的20%左右。在全国范围内，大豆加工企业的料需求主要来自东北三省，与黄淮海生产的大豆相比，蛋白质含量相对较低，且供不应求。无论是山东省还是德州市的大豆加工企业，都需要大量的优质大豆，因此，进行农业种植结构调整、振兴大豆产业势在必行。

（二）满足种植需求

德州是农业大市，目前全市新型农业经营主体流转土地300多万亩，占总耕地面积的近1/3，已经成为引领现代农业发展的主要力量。经过4年玉米大豆间作高效种植技术的示范推广，结合当地玉米大豆轮作休耕试点项目的实施，调动了新型农业经营主体的种植积极性。德州市独特的区位优势、适宜的自然生态条件、完备的农田基础设施和农户高涨的种植热情，有利于玉米大豆间作快速大面积推广。

（三）增收增效明显

通过在德州市4年的示范推广，玉米大豆间作高效种植模式可使间作玉米与单作相当，平均亩产550~600kg；大豆平均亩产80~120kg，亩增纯收入200元左右。在间作土壤种植的后茬小麦，经专家测产，增产5%以上。因此，间作作为集约化农业生产普遍采用的一种种植方式，可以利用有限的时间和土地面积来获得两种或两种以上作物的产量和效益，对解决当前人口与资源之间的矛盾具有重要的现实意义。

（四）生态效益显著

玉米大豆间作种植符合国家“化肥农药减施增效”政策，有利于资源节约和环境友好农业模式发展，有利于现代农业的可持续发展。

（五）技术成熟配套

2017 年，在德州市进行玉米大豆带状复合种植模式示范推广，结合多年的研究成果和德州气候条件及生产实际，进行了优化调整，如选择适宜德州玉米大豆间作种植的品种、大豆适期化控防倒、扩大玉米和大豆间距等。因地制宜，将先进技术本土化，通过 4 年的示范推广，优化集成了玉米大豆间作绿色高效复合种植的德州模式，制定了栽培技术规程，适合在山东省乃至黄淮海地区示范推广种植。

（六）实现机械化生产

2017 年，引进了玉米大豆间作播种施肥机、大豆专用收割机，在禹城市、临邑县建立玉米大豆间作种植示范基地，进行了全程机械化管理的探索。2018 年开始，建立玉米大豆间作高效种植示范基地，实现了播种、田间管理（施药）和收获全程机械化作业，可以减少用工、简化栽培，提高劳动生产率，解决了间作种植技术推广的瓶颈问题，每亩节本增效 200 元以上。

（七）推广前景广阔

怎样发挥我国大豆优势，是摆在农业科技工作者面前的重大课题。中国进口的大豆多为转基因大豆，而非转基因大豆才是我们的竞争优势。我们要抓住我国大豆的优势，把扩大栽培面积的重心逐步转向南方和黄淮海地区。随着近几年配套的播种机、收获机、施肥技术和病虫草害防治技术的日趋成熟，玉米大豆间作高效种植模式的应用前景将更加广阔。

德州市农业生态条件优越，土壤肥沃，适耕性强，光照资源丰富，降水主要集中在 6—8 月，无霜期长达 208d，适宜玉米、大豆等夏播作物的生长，是全国高蛋白大豆优势产区。

2019 年，我国食用大豆年消费量达 2 000万 t 以上，而国产大豆年产量不到 1 800万 t，食用大豆供求存在近 300 万 t 的缺口。近几年，虽然我国非转基因大豆种植面积有所上升，但仍然满足不了大豆加工企业的需求。在推行新旧动能转换、转方式调结构的今天，在减粮增豆的背景下，大豆加工产业迎来了新的发展机遇。

目前，东北、黄淮海、西南、西北四大主产区玉米种植面积 4.88 亿亩，净作大豆种植面积 1.0 亿亩。若能利用其中 20%的种植土地发展玉米大豆间作高效种植模式，可增产玉米 766 万 t、大豆 1 190万 t。黄淮海地区现有玉米面积 15 886亩，若利用 20%的玉米种植区域进行玉米大豆种植，可种植大豆 3 177万亩，平均亩产按 200kg 计算，将增产大豆 635.4 万 t。

德州市常年玉米种植面积 760 万亩，如果利用 100 万亩进行玉米大豆间作高效种植，可在玉米基本不减产的前提下，每亩增收大豆 100kg 左右，每年可增收大豆 10 万 t 左右。

五、推广建议

2017—2020 年，玉米大豆间作高效种植模式在德州地区示范推广取得了较好的示范推广应用效果。我们针对生产中存在的一些问题，进行了调研，并提出了合理化的建议。

（一）加快机械研发生产

充分发挥当地中小型农机生产应用优势，加快玉米大豆间作种植专用播种、收获机械的研发生产进度，加大配套机械加工生产，提高机械作业效率和智能化水平。

（二）加大科技培训力度

一是开展新型农业经营主体负责人培训。提高田间管理水平，实现及时控旺除草、防病治虫，合理施肥，科学用药，节本与增效并重。

二是加大农机手培训力度，通过规范操作，提高播种和收获质量，提升农机农艺融合力度。

三是加强农业科技培训，提高农业科技入户率。在细化推广县、乡、村三级网络、加大服务力度的同时，让技术人员多到田间地头，及时解决生产实际问题，实现良种良法真正配套。

（三）多元种植，订单生产

一是推广玉米多元化种植。结合当地加工业和畜牧业发展，通过种植鲜食、青饲、加工或粒收玉米，提高混合青贮的生物产量，采用籽粒玉米一次收获技术等，提高种植效益。

二是发展订单生产。大豆或玉米企业可以建立稳定、可靠的放心优质原料基地，真正实现一二三产业融合发展。

（四）加大政策支持力度

目前，山东省大豆种植、玉米大豆间作种植没有实现全部补贴政策，影响了种植者的积极性。建议各级政府和涉农部门在加大政策的支持、扶持力度，实施玉米大豆轮作补贴、良种补贴和农机补贴，设立玉米大豆间作种植技术示范培训专项的同时，对种植积极性高、成效显著的县市区和新型农业经营主体给予一定的奖补支持。另外，政府应鼓励企业或社会组织成立专门服务机构，开展播种、收获、飞防等社会化服务。

（五）加大示范推广力度

盖钧镒院士提出，提高土地产出率是确保粮食安全的最有效手段，玉米大豆间作高效种植技术具有“高产出、可持续、机械化、低风险”等技术优势，种、管、收机械化的实现为大面积推广创造条件，建议加快这一技术在适宜地区推广应用。2017 年，德州市农业科学研究院撰写的《关于“玉米大豆高效复合种植模式”的调研报告》获德州市副市长董绍辉的批示，建议各县市区和农业部门认真参阅、推广应用。2019 年，山东省农业农村厅《2019 年全省夏大豆生产技术意见》提出要大力推广玉米大豆宽幅间作技术，以增加大豆面积，促进玉米大豆协调发展，实现农民增收。建议国家设立玉米大豆间作高效种植技术示范推广试点，在山东省乃至黄淮海地区进行玉米大豆间作高效种植技术示范推广。

第二章　我国间作模式分布及主要模式

中国是农业大国，是世界上实行间套作较普遍的国家。农作物间套种植历史悠久，是传统精细农业的精华。农业的发展经过几千年来的演变，由刀耕火种的原始农业发展到传统农业到现代农业，在漫长的农业种植历史中，耕种制度不断改进，朝着精细化的方向发展，经过前人对农业生产经验的不断总结和完善，间套种作为多熟种植制度的产物，类型多种多样。

第一节　我国主要间套作种植模式

一、种植模式研究进展

间套作是指在同一地块上种植两种或两种以上的生育期临近的作物的一种种植方式，特点是同时或者前后种植，具有部分或者全部的共生期。间作在我国传统农业种植模式中有着举足轻重的地位，不同作物之间进行间作提升了土地生产力和资源利用效率，在国内各地广泛使用。随着全球经济快速发展，农业栽培模式不断更新，同时也为了缓解土地资源短缺的现状，间作栽培模式又被重新提上日程，成为研究的焦点。间套作模式大致可分为豆科与禾本科间作和禾本科与禾本科间作两类。由于禾本科与豆科间套作模式中两种作物对氮素利用的差异形成了对氮素利用的互补利用，在其间作体系中加入一种豆科植物能够利用大气中的氮，这种吸收模式能够减弱两种作物之间的种间竞争。

经过两千多年的演变，随着农业科技的进步，间作套种模式发生了较大变化，集约化程度不断提高，由传统农业低投入低产出发展成为高投入高产出的现代农业模式。在人多地少、粮食供应紧张的背景下，通过间套作，土地利用率可提高40%，增加了粮食产量，一定程度上缓解了人口与土地的矛盾。在稳定粮食产量的基础上，为了获得较高的经济效益，大力发展间作套种模式已成为农业增产增收的重要途径之一。与此同时，以间作套种为基础的“立体农业”“立体栽培”等相关研究推动了新理论新技术的产生，实现了农业种植结构的调整，促进了农业生产全面发展。

专家预测，如果中国每年推行套种间作植 $3.33\times10^{7}hm^{2}$，最少能够解决未来一半的粮食缺口。玉米作为世界三大粮食作物之一，是每单位面积对碳水化合物合成具有强大潜能的谷类作物，因此，国内外很多学者所研究的间套作体系大多是基于玉米为主的作物间套作模式，且研究发现玉米与不同豆科作物组合常常占显性优势地位，并认为玉米在大部分间套作系统中是最为常见的组成作物之一。因而研究玉米豆类间作、玉米薯类套作等以玉米为基础的间套作模式，对农业生产经济、环境方面的影响效果具有重大现实意义。

二、主要间套作种植模式

近些年来，我国现代农业间套作种植的模式和分布具有多样性，面积不断扩大，分布范围逐渐变广，农作物之间的套作技术不断成熟，复合生产模式不断成熟。到20世纪80年代全国旱地套作面积0.17亿 hm^{2}，间套作面积0.25～0.28亿 hm^{2}，进入20世纪90年代，全国间套作面积发展到0.33亿 hm^{2}。主要的间套作模式有：露地大田间作，包括粮食作物间作、经济作物间作、蔬菜作物间作、条带种植与带田种植；果园间作，包括果粮间作、果经间作与果菜间作、果草间作、果药间作；林地间作，包括林粮间作、林经间作与林菜间作、林草间作、林药间作、林草间作、林花间作、林菌间作。目前生产上大面积示范推广的粮食作物间作、经济作物间作模式如下。

（一）以玉米为主的间套作种植模式

以玉米为主的间套作种植模式在现代农业生产中越来越重要，经过长年的农业生产实践和科学试验证明，合理的间套作种植模式不仅有利于作物产量的提高，还能维持并提高土壤肥力以获得经济效益和环境效益最大化。

玉米与豆科作物间套作是较为常见的间套种植模式，如玉米大豆间套作、玉米豇豆间套作，还有玉米花生间套作、小麦辣椒玉米间套作、花生玉米间套作、玉米草木樨条带式间套作、玉米青花西葫芦间套作、玉米小麦间套作、玉米蔬菜间套作、玉米红薯间套作等。

（二）以大豆为主的间套作种植模式

大豆是我国重要的油料和经济作物，大豆间套作可以充分利用光温资源、提高单位面积土地收益，是适应现代农业高效集约化的产出模式。历经数十年的发展，现已形成了玉米大豆、马铃薯大豆、木薯大豆、甘蔗大豆、小麦大豆、亚麻大豆等多种大豆间套作种模式，并在南方地区得到了较好的推广应用，其中玉米大豆间套作种植模式面积最大，近几年幼树林间作大豆模式也得到了较好的推广。随着科技的发展，对大豆间套作的基础理论研究不断深入，尤其光合特性、养分吸收利用方面较为突出。

大豆间套作目前应用的区域主要集中在西南、华南、西北等地区，东北大豆主产区受气候等条件限制应用较少，但近几年科研工作者们针对北方春大豆区的大豆间套作技术展开了研究，玉米大豆复合种植模式在黑龙江和辽宁的应用均取得了较好的效果，对于提高大豆的种植效益、增加农民的种豆积极性具有重要价值。此外，鲜食大豆、专用大豆等不同品质类型的品种也应用到了间套作种植中。在品种选育上，为适应大豆间套作技术的需求，应加大耐阴性品种的育种力度，以满足生产需求。此外，应提高大豆间套作的机械水平，科研工作者们还需不断推陈出新，以适应农业发展的需求，满足农民增收的要求，以促进大豆间套作的大面积推广应用。

如玉米大豆间套作模式、甘蔗大豆间套作模式、马铃薯大豆间套作、木薯大豆间套作、幼树大豆间套作模式、其他大豆间套作类型等。经过不断的探索实践，各地结合当地生产情况已经发展形成了多种作物与大豆间套作的类型，例如毛葱大豆、西瓜大豆、高粱大豆、大蒜大豆、烟草大豆、胡麻大豆、食葵大豆、孜然大豆、甜叶菊大豆、燕麦大豆、小麦大豆、亚麻大豆、豌豆大豆等。这些大豆间套作类型的推广应用，对促进农业多元化发展、提高农业比较效益、节约资源、提高农民种植积极性发挥了重要作用。

第二节　我国间套作种植模式分布

间作作为一种具有悠久历史的种植体系，曾在我国传统农业和现代农业中都做出了巨大贡献。20 世纪 90 年代，全国约有 0.33 亿 hm^2 间套作面积，占我国耕地面积的 1/3，粮食总产的 1/2 来自间套复种。目前我国间作种植的耕地面积已经超过 0.33 亿 hm^2，印度、拉丁美洲、非洲、东南亚等国家间作种植也很普遍。豆科和非豆科作物间作在我国分布面积较大，例如华北、西南地区主要以小麦玉米间套作模式为主，西南丘陵旱地以小麦玉米大豆或者小麦玉米红薯间套作为主，东北以玉米薯类间作为主，南方棉区以小麦棉花套作为主，此外还有粮菜、林果间套作等多种模式。目前我国间套作模式种植分布如下。

一、西北地区

西北地区的河西走廊、河套灌区等一熟农区，水浇地的重要间套作模式是小麦和玉米套作。近年来，由于西北地区缺水问题的加剧，低耗水量作物豌豆玉米、蚕豆玉米、小麦大豆间作模式逐渐取代了小麦玉米套作模式，成为该地区间套作的主要模式。西北牧区的牧草间作模式也较多见，如紫花苜蓿和野生黑麦草间作、柳枝稷和紫云英间作等。在西北地区的新疆维吾尔自治区（全书简称新疆），林粮间作、林棉间作等模式较为普遍，主要类型有枣树小麦间作、胡桃树苗小麦间作、枣棉花间作、杏棉花间作等。

二、西南地区

西南地区旱地间套作模式繁多，由于旱地多为山地丘陵，机械化程度较低，间套作的推广应用面积较大，在当地种植制度中占有重要地位。小麦/玉米/甘薯及小麦/玉米/大豆等带状复合种植是该地区旱地的主要间套作模式，年种植面积达 358 万 hm^2。其中，小麦/玉米/大豆间套作模式较传统的小麦/玉米/甘薯种植模式平均节本增效181元/亩，2019年在四川省推广面积达450万亩，成为主要推广的间套作模式，因此助推四川省大豆产量跃居全国第四位，西南由大豆非优势产区成了全国第三大优势产区。另外，西南地区旱地间套作模式还包括：油菜和蚕豆、蚕豆和小麦、辣椒和玉米、甘蔗和玉米、燕麦和箭筈豌豆等。针对云南稻区稻瘟病流行、农药投入量过大的现实问题，近年来在水田上开展了不同基因型水稻间混作模式的研究，优质地方品种与籼型杂交稻混播显著降低了稻瘟病发病率及病情指数，防治效果达83%~98%，有效减少了农药施用量，降低了环境风险。

三、华南地区

华南地区优越的雨热条件使间套作与复种交叉组合成多种多熟制类型，水田、旱田上均有分布。在水田上的主要类型有：早稻—晚稻/甘薯、早稻/黄麻—晚稻/冬作、早稻/黄麻—晚稻等；旱地上间套作类型繁杂，以甘蔗与多种作物的间作为主要模式，如甘蔗花生间作、甘蔗大豆间作、甘蔗甜玉米间作、甘蔗木薯间作等。另外橡胶香蕉间作、橡胶魔芋间作等林果或林蔬间作模式也有分布。

四、华北地区

在华北北部的一熟区，耕地水蚀、风蚀问题严重，带状留基茬间作是主要的间套作模式。作物配置类型主要包括：马铃薯向日葵间作、裸燕麦马铃薯间作、向日葵马铃薯间作、黑麦草（燕麦草）马铃薯间作等。在黄淮海平原二熟农区，玉米蔬菜间作、棉花蔬菜间作、玉米大豆间作等间作模式推广面积迅速增加；随着农业劳动力的流失及机械化程度的提高，该区传统的小麦玉米套作模式大幅缩减，取而代之的是小麦不同基因型间混作以及玉米不同基因型的间混作，以应对气象灾害和病虫害等造成的减产。

五、东北地区

东北平原主要以玉米大豆间作为主。例如，在 20 世纪 50 年代，吉林省榆树市主要是玉米和大豆混作，到 20 世纪 70 年代以间作代替混作，玉米大豆间作比例为 2∶2 或者 2∶1；而 20 世纪 70 年代，辽宁省普遍实行玉米大豆间作，随着东北地区机械化程度的提高，因为不利于机械化作业，间作模式逐渐被淘汰。近年来，随着资源环境压力的日益突出，对可持续集约化农作制度的需求迫在眉睫，东北地区西部间套作种植模式的研究日益增多。针对东北西部生态脆弱区水资源短缺和风蚀严重的问题，探索了仁用杏和作物以及玉米（谷子）和花生等间作种植模式；针对东北地区西部农牧交错带饲草短缺的现状，采用燕麦和箭筈豌豆间作；吉林西部进行燕麦和绿豆间作、燕麦和大豆间作、燕麦和花生间作种植模式的试验，另外，西瓜（甜瓜）和向日葵间作、大豆和向日葵间作等模式，在东北农牧交错区可以实现土地单位面积效益最大化。但是上述间作模式多数还停留在试验阶段，并未在东北地区西部进行大面积推广示范。

第三节　玉米大豆间作主要种植模式

玉米大豆间套作体系集合了禾本科作物和豆科作物的优点，可以有效提高资源利用率和土地复种指数，从而获得间套作体系下作物的高产，具有明显的社会、经济和生态效益。

下面简要介绍几种适宜黄淮海地区示范推广的玉米大豆间作高效种植模式。这几种模式，2017—2020 年，已经在德州地区进行了大面积试验示范，特别是玉米大豆间作 2∶3、2∶4 种植模式，得到了德州市新型农业经营主体和种植户的认可。

一、2∶3 间作种植模式

2017—2018 年，在德州地区主要示范推广了玉米大豆间作 2∶3 种植模式。

（一）模式简介

带宽 230cm；玉米 2 行，行距 40cm；大豆 3 行，行距 30cm；玉米与大豆间距 65cm（图 2-1）。

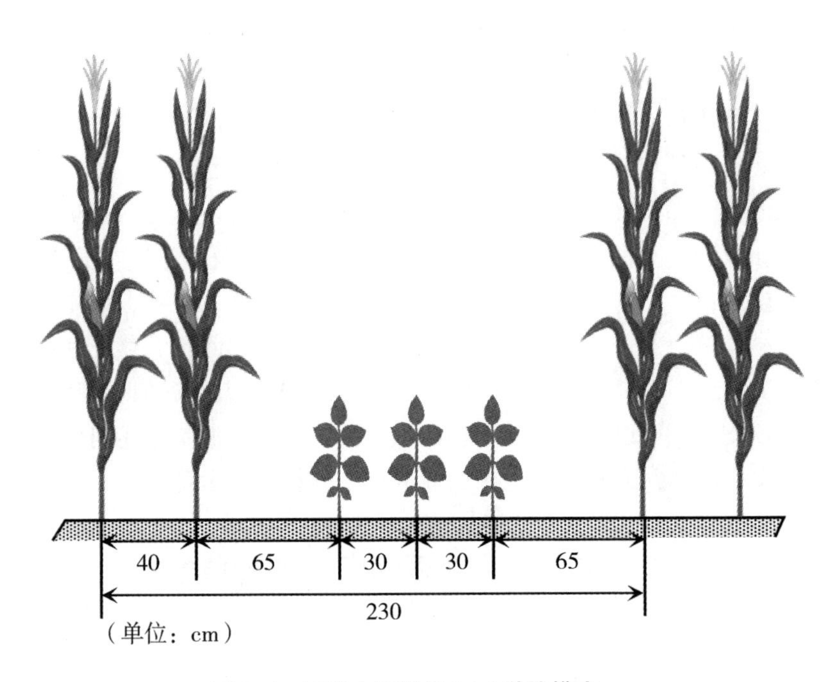

图 2-1　玉米大豆间作 2∶3 种植模式

（二）播种机械

用 2BMZJ-5 型玉米大豆间作施肥播种机，玉米、大豆同时进行播种。

二、2∶4 间作种植模式

2018 年，在德州地区进行了玉米大豆间作 2∶4 种植模式的小面积试验示范；2019—2020 年，德州地区主要推广了玉米大豆间作 2∶4 种植模式。

（一）模式简介

带宽 260m；玉米 2 行，行距 40cm；大豆 4 行，行距 30cm；玉米与大豆间距 65cm（图 2-2）。

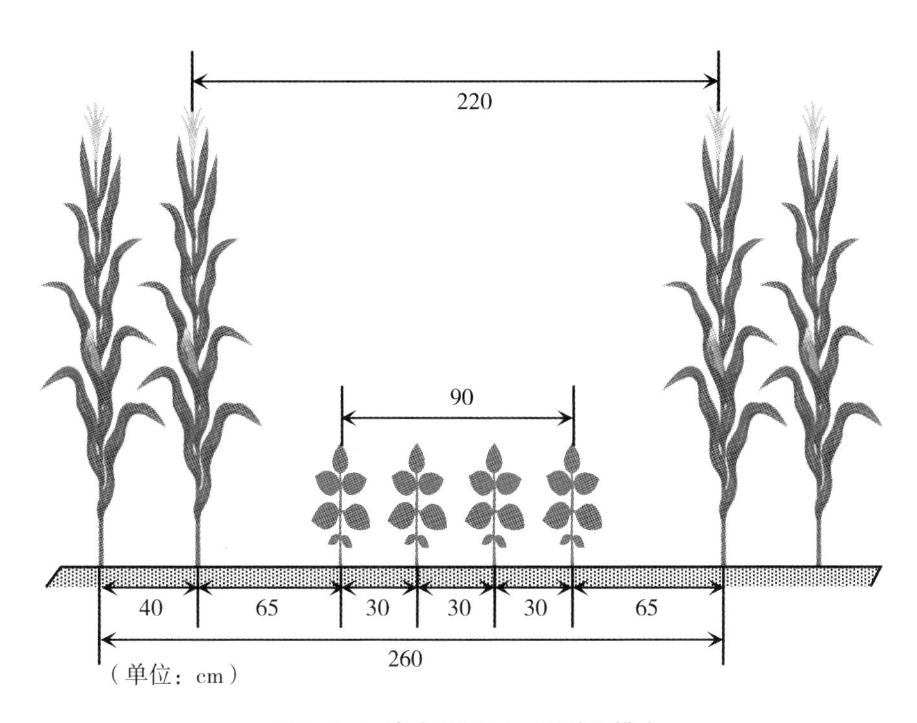

图 2-2　玉米大豆间作 2∶4 种植模式

（二）播种机械

2018 年，利用 2BMZJ-6 型玉米大豆间作施肥播种机，玉米、大豆间作2∶4 间作种植模式实现了玉米、大豆同时播种；2019 年，利用 2BMFJ-PBJZ6 型玉米大豆间作施肥播种机，对玉米、大豆间作 2∶4 种植模式，进行了玉米和大豆同时播种。

三、2∶6 间作种植模式

2019 年，德州地区进行了玉米大豆间作 2∶6 种植模式的探索，并尝试利用两台机械进行播种。

（一）模式简介

带宽 360~420cm；玉米 2 行，行距 40cm；大豆 6 行，行距 40~50cm；玉米与大豆间距 60~65cm（图 2-3）。

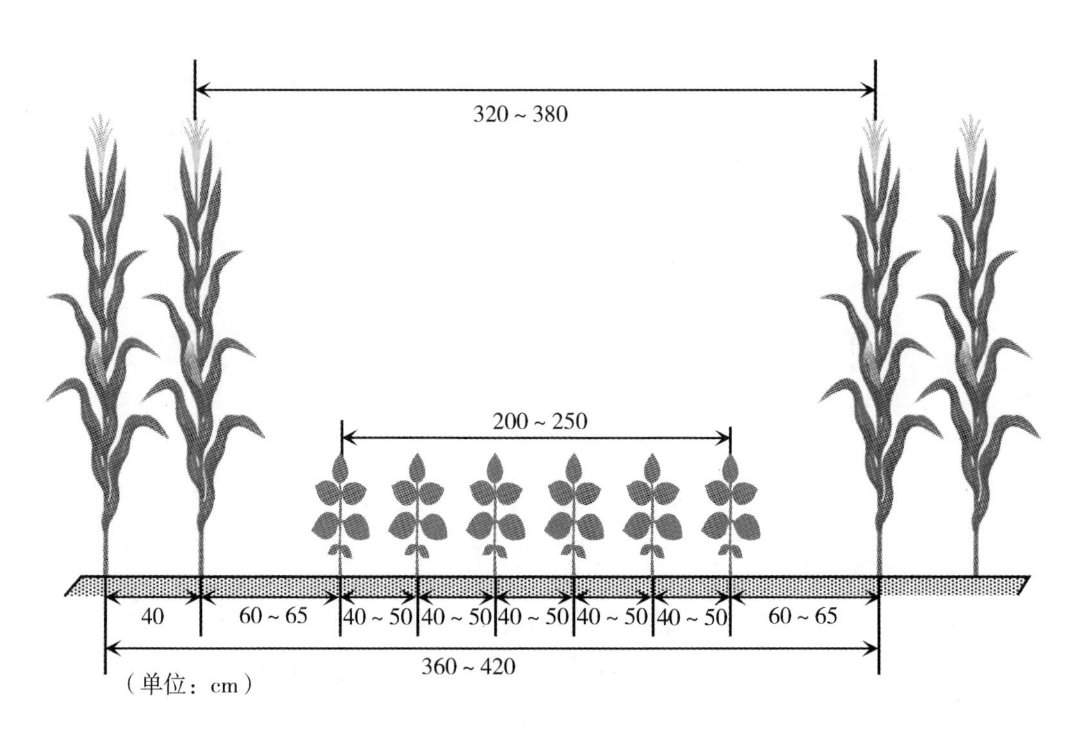

图 2-3　玉米大豆间作 2∶6 种植模式

（二）播种机械

尝试利用两台机械分别播种，先播种玉米，再播种大豆。

四、2∶8 间作种植模式

2019 年，德州地区进行了玉米大豆间作 2∶8 种植模式的探索，利用两台机械分别播种，先播种玉米，再播种大豆。

模式简介：带宽 440~520cm；玉米 2 行，行距 40cm；大豆 8 行，行距 40~50cm；玉米与大豆间距 60~65cm（图 2-4）。

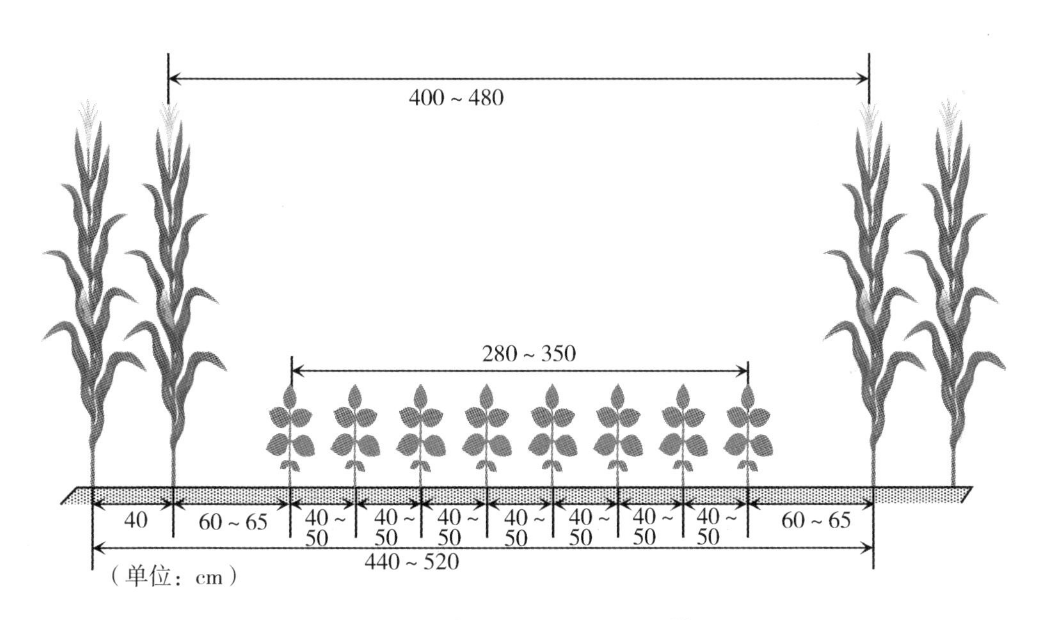

图 2-4　玉米大豆间作 2∶8 种植模式

五、3∶4 间作种植模式

山东省农业农村厅印发的《2019 年全省夏大豆生产技术意见》指出，要大力推广玉米大豆宽幅间作技术，促进玉米大豆协调发展，实现农民增收。建议示范推广玉米大豆间作 3：4 种植模式，关键环节主要包括宽幅间作、优质品种、免耕精播、节水省肥、绿色防控、机械收获。2019 年，在德州地区进行了玉米大豆间作 3：4 种植模式的探索，利用两台机械分别播种，先播种玉米，再播种大豆，同时进行。

模式简介：带宽 340～370cm；玉米 3 行，行距 50～60cm；大豆 4 行，行距 40cm；玉米与大豆间距 60～65cm（图 2-5）。

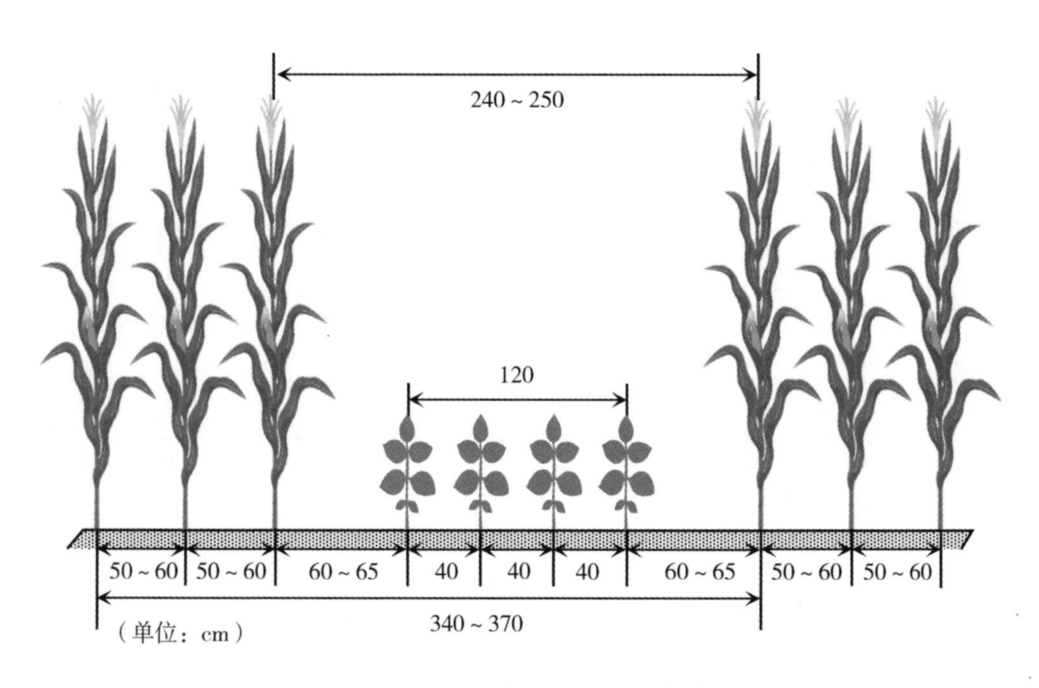

图 2-5　玉米大豆间作 3：4 种植模式

六、3：6 间作种植模式

2019 年，德州地区进行了玉米大豆间作 3：6 种植模式的探索，用两台机械分别播种，先播种玉米，再播种大豆，同时进行。

模式简介：带宽 420～500cm；玉米 3 行，行距 50～60cm；大豆 6 行，行距 40～50cm；玉米与大豆间距 60～65cm（图 2-6）。

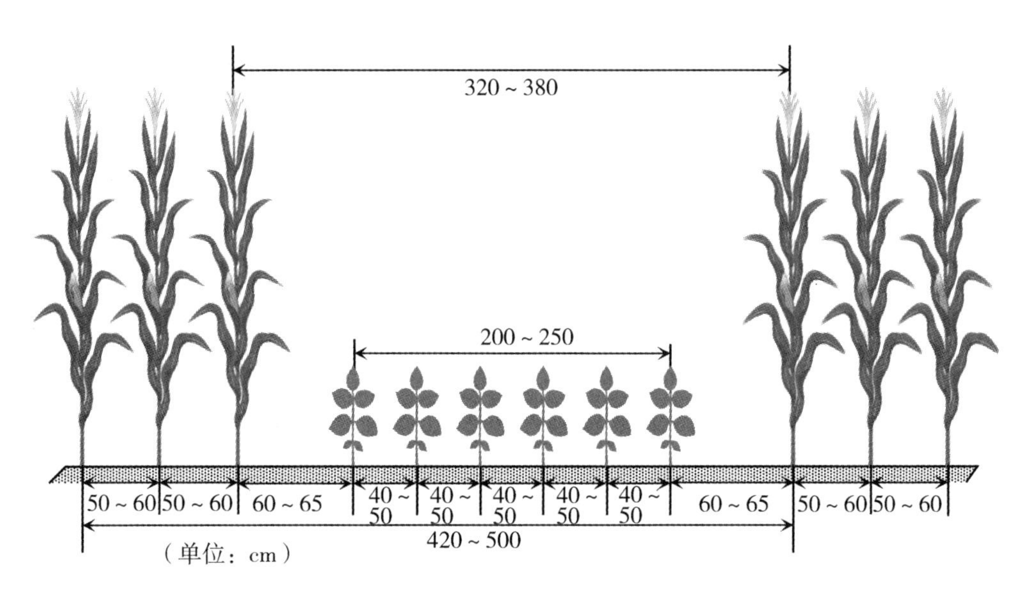

图 2-6　玉米大豆间作 3∶6 种植模式

七、3∶8 间作种植模式

2019 年，德州地区进行了玉米大豆间作 3∶8 种植模式的探索，用两台机械分别播种，先播种玉米，再播种大豆，同时进行。

模式简介：带宽 500～600cm；玉米 3 行，行距 50～60cm；大豆 8 行，行距 40～50cm；玉米与大豆间距 60～65cm（图 2-7）。

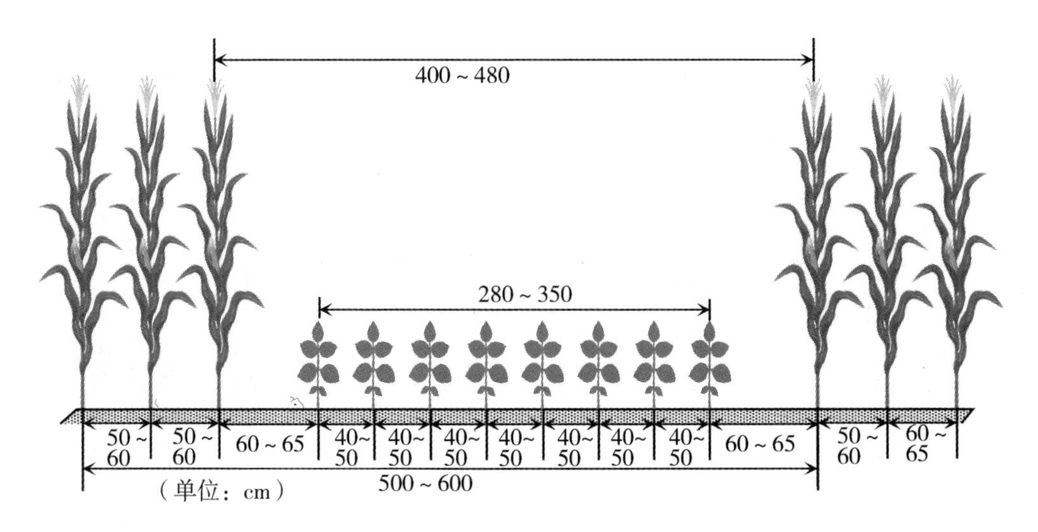

图 2-7　玉米大豆间作 3∶8 种植模式

八、其他间作种植模式

（一）2∶2 间作种植模式

从 2012 年开始，德州地区进行了玉米大豆间作 2∶2 种植模式的试验探索和小面积示范，既尝试了用 2BMZJ-4 型玉米大豆播种施肥机播种，也试验了用玉米、大豆专用播种机分别播种。

模式简介：带宽 200~220cm；玉米 2 行，行距 40cm；大豆 2 行，行距 40cm；玉米与大豆间距 60~70cm（图 2-8）。

（二）4∶4 间作种植模式

从 2012 年开始，德州地区进行了玉米大豆间作 4∶4 种植模式的试验探索，采用两台机械同时播种。

模式简介：带宽 400cm；玉米 4 行，行距 50cm；大豆 4 行，行距 40cm；玉米与大豆间距 65cm（图 2-9）。

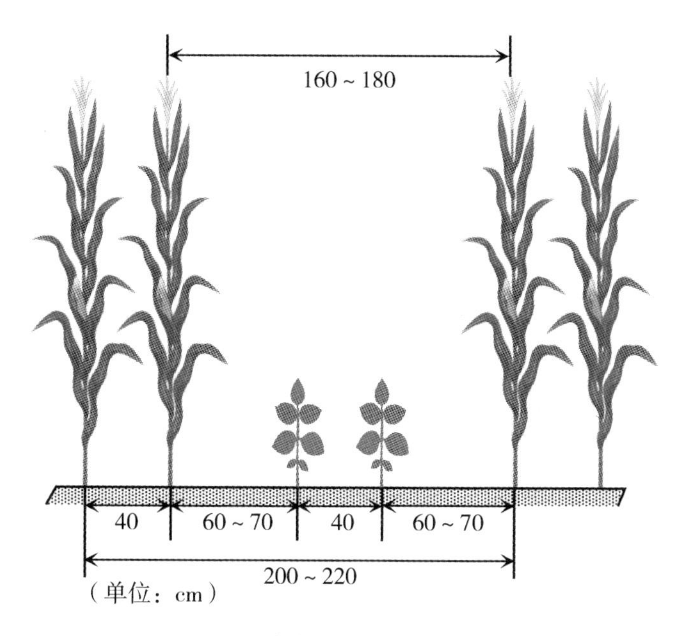

图 2-8　玉米大豆间作 2∶2 种植模式

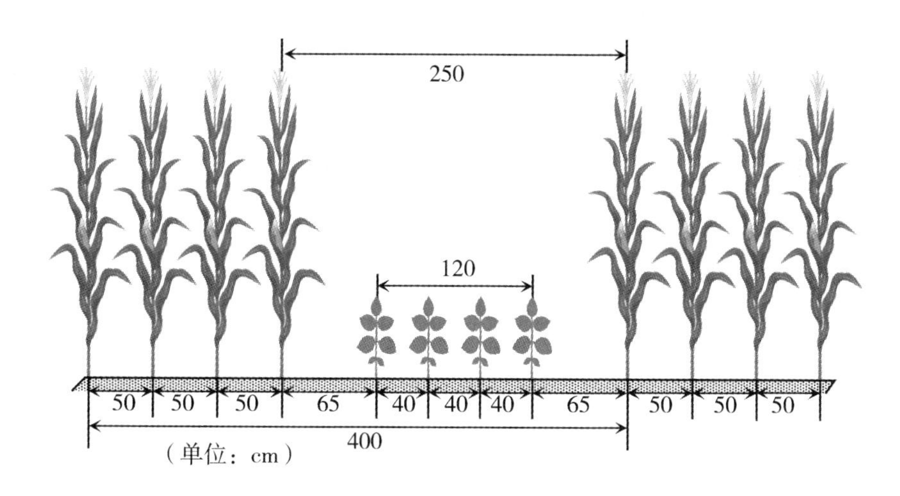

图 2-9　玉米大豆间作 4∶4 种植模式

第三章　精简高效栽培技术

中国作为发展中的农业大国，面临着人口众多、人均耕地面积小、资源相对紧缺、农业环境污染等问题。因此，为了解决以上问题，结合我国国情和农业可持续发展的特点，在部分地区大力推行禾本科和豆科间作高效栽培模式以提质增效，促进当地农业可持续发展。2017—2019 年，山东省德州市针对玉米大豆间作高效种植模式进行了较大面积的示范推广，增收增效明显。按照精简高效的原则，新型农业经营主体和种植户在种植过程中，主要把握好以下关键技术。

第一节　选配良种

玉米大豆间作种植要实现高产高效，需要选择适宜当地种植并且适宜间作的玉米、大豆品种。玉米要选用株型紧凑、抗倒伏、耐密植、适宜机械化收获的高产品种，大豆要选用耐阴、耐密、抗倒的早中熟品种。

一、玉米品种

玉米可以选用多种类型，如普通籽粒型、机收籽粒型、鲜食型、青贮型、粮饲兼用型等，但选用的玉米品种一定要满足株型紧凑或半紧凑、抗倒伏、耐密植、适宜机械化收获、中矮秆、高产的要求（图 3-1）。

玉米大豆间作种植时，玉米选用紧凑型品种，行间通风透光性好，可以减少间作大豆倒伏风险，大豆产量明显高于选用半紧凑或平展型的玉米品种。如果选用平展型玉米品种和大豆间作，则对大豆遮阴比较严重，大豆容易出现倒伏，造成减产，影响机械化收获。

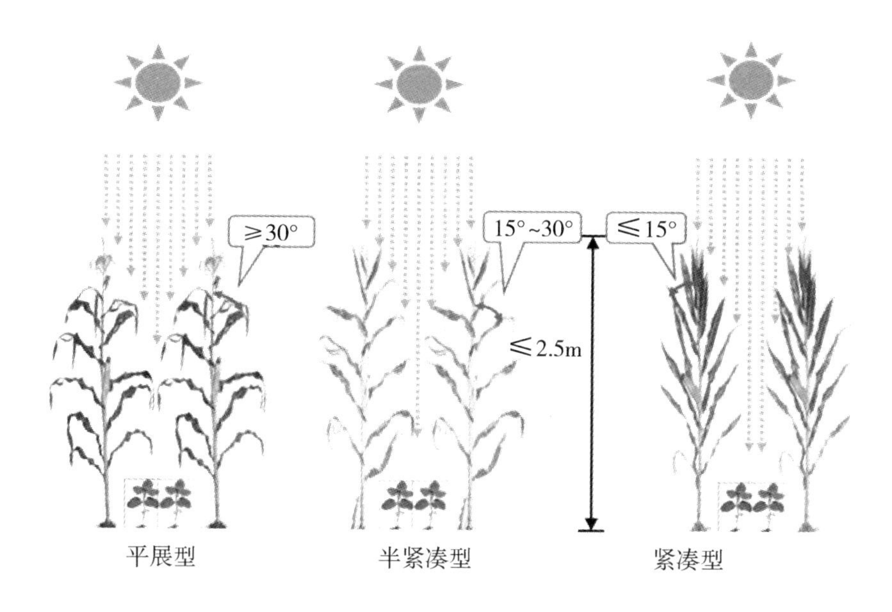

图 3-1 不同类型玉米品种模拟展示

（一）普通籽粒型玉米

根据山东省的生态条件和适宜间作的要求，普通籽粒型玉米可选用‘登海605’‘郑单958’等品种。

1. 登海 605

黄淮海地区夏播生育期 105d 左右，株型紧凑，成株叶数 19~20 片，株高 259cm，穗位高 99cm；果穗长筒形，穗长 18cm，穗行数 16~18 行；红轴，黄粒，马齿型，千粒重 344g。高抗茎腐病，中抗玉米螟，感大斑病、小斑病、矮花叶病和弯孢菌叶斑病，高感瘤黑粉病、褐斑病和南方锈病。

2. 郑单 958

山东省夏播生育期 103d 左右，株型紧凑，叶片窄而上冲，株高 246cm，穗位高 110cm 左右；果穗筒形，有双穗现象，白轴，果穗长 16.9cm，穗行数 14~16 行，行粒数 35 个。结实性好，秃尖轻，黄粒，半马齿型，千粒重 307g，出籽率为 88%~90%。抗大斑病、小斑病和黑粉病，高抗矮花叶病，感茎腐病。抗倒伏，较耐旱。

3. 迪卡 517

山东省夏播生育期 105d 左右，株型紧凑，全株叶片 18 片，株高 250cm，穗位 100cm；果穗筒形，穗长 15.7cm，穗行数 17.7 行；红轴，黄粒，半马齿型，出籽率 88.7%，千粒重 290g。抗小斑病，中抗大斑病、弯孢叶斑病和茎腐病，高抗瘤黑粉病，抗矮花叶病。在山东省夏玉米区种植，茎腐病和大斑病高发区慎用。2017 年，山东省德州市临邑县德平镇富民家庭农场选用‘迪卡 517’和‘齐黄 34’间作种植，表现良好。

4. 天塔 619

山东省夏播生育期 105d 左右，株型半紧凑，全株叶数 20 片，株高 256cm，穗位 101cm；果穗筒形，粉轴，穗长 17.5cm，穗行数 14 行左右；黄粒，硬粒型，千粒重 333.8g，出籽率 85.5%。抗弯孢叶斑病，中抗茎腐病、小斑病，感粗缩病、穗腐病、瘤黑粉病。2017 年，山东省德州市禹城市房寺镇乡泽种植家庭农场选用‘天塔 619’和‘齐黄 34’间作种植，表现很好。

（二）机收籽粒玉米

机收玉米可选用株型紧凑或半紧凑、抗倒伏、耐密植、适宜机械化籽粒收获、中矮秆、高产、后期脱水快的早熟品种，如‘豫单 9953’‘京农科 728’等。

1. 豫单 9953

山东省夏播生育期 100~105d，株型紧凑，主茎叶数 18~19 片，株高 250~265cm，穗位高 87~106cm；果穗圆筒形，穗长 16.2~16.4cm，穗行数 16~20 行；红轴，黄粒，半马齿型，千粒重 278.4~326.2g，出籽率 86.7%~89.3%；适收期籽粒含水量 22.3%~26.0%，破损率 1.2%~3.3%。抗茎腐病、小斑病，中抗穗腐病，感弯孢霉叶斑病、瘤黑粉病、锈病。

2. 京农科 728

黄淮海夏玉米区出苗至成熟 100d 左右，株型紧凑，株高 274.0cm，穗位 105.0cm，成株叶片数 19~20 片。果穗筒形，穗长 17.5cm，穗行数 14 行，穗轴红色，出籽率 86.1%。籽粒黄色、半马齿型，千粒重 315g。适收期籽粒含水量 26.6%，抗倒性好，籽粒破碎率 5.9%。中抗粗缩病，感茎腐病、穗腐病和小斑病，高感弯孢菌叶斑病和瘤黑粉病。适宜黄淮海夏玉米区及京津唐机收种植，茎腐病、穗腐病、叶斑病和瘤黑粉病重发区慎用。

3. 登海 618

山东省夏播生育期 99d 左右，株型紧凑，全株叶片数 19 片，株高 250cm，穗位 82cm；果穗筒形，穗长 16.2cm，穗行数平均 14.7 行，红轴，黄粒、半马齿型，出籽率 87.5%，千粒重 328g。中抗小斑病，感大斑病、弯孢叶斑病，高抗茎腐病，感瘤黑粉病，高抗矮花叶病。茎腐病高发区慎用。

4. 郑原玉 432

黄淮海地区夏播生育期 105d 左右，株型半紧凑，成株叶片数 19 片左右，株高 246cm，穗位高 91cm；果穗筒形，穗长 16.7cm，穗行数 16~18 行，穗轴红色，籽粒黄色、半马齿，百粒重 32.2g。中抗茎腐病，中抗穗腐病，中抗小斑病，高感弯孢叶斑病，高感粗缩病、瘤黑粉病、南方锈病。严禁使用化学药剂进行化控。

二、大豆品种

优良品种是大豆高产的内因，在适宜的自然和栽培条件下，能充分发挥增产作用，因此要根据当地的土壤条件和栽培水平合理选择品种。适宜黄淮海地区夏播种植的大豆品种，一般生育期要小于 110d，株型紧凑，直立生长，有限或亚有限结荚习性，结荚高度大于 15cm，成熟期一致，广适，抗倒，抗病，耐盐碱，高产，优质。经过多年的试验示范和推广应用，在黄淮海地区夏播条件下，玉米大豆间作高效种植可以选用耐阴、耐密、抗倒、中早熟的夏大豆品种，如‘齐黄 34’‘冀豆 12’等。

玉米大豆间作时，不要选择植株高、叶片肥大的大豆品种。如果种植密度高，易旺长徒长，形成细弱苗，加剧倒伏；而密度低时，群体产量上不去，如亚有限型大豆品种‘荷豆 12’等，在不施任何肥料的情况下间作，仍表现为植株高大，容易倒伏，落花落荚，降低了间作大豆的产量。

1. 齐黄 34

山东省夏播种植生育期 105d 左右，株高 65.7cm，主茎 13.7 节，有效分枝 1.9 个，单株粒数 92.2 粒，百粒重 20.1g；椭圆叶，紫花，棕毛，有限结荚习性，株型收敛；籽粒长椭圆形。中抗大豆花叶病毒病。平均粗蛋白质含量42.77%，粗脂肪含量21.26%。每亩保苗1.1万~1.2万株。高产、稳产，抗病、耐涝、耐盐碱，适应性广，品质好。结荚高度17cm，不炸荚，适于机械化收获。

2013年在甘肃省靖远县实打亩产335.31kg，创造甘肃省高产纪录；2014年在山东省嘉祥县程庄村实打亩产313.75kg，创造山东省高产纪录；2019年在德州市陵城区实打亩产341.64kg，又创造了山东省夏大豆新的高产纪录。

2. 冀豆12

山东省夏播生育期100d左右，有限结荚习性，株高55~70cm，底荚高15cm，分枝3个左右，圆叶片，紫色，灰毛；椭圆粒，种皮黄色，黄脐，平均单株有效荚数36.5个，百粒重22~24g，抗倒伏，高抗病毒病、抗胞囊线虫病，抗旱、耐涝。蛋白质含量46.48%，脂肪含量17.07%。

3. 间作大豆注意事项

（1）种植密度

间作大豆的播种密度不宜过大，一般以行距30~40cm、株距10cm为宜。密度过大，开花前田间形成郁闭，容易落花落荚，造成倒伏，影响产量和机械化收获。

（2）病虫害

及时防治间作大豆的病虫为害，特别是要预防点蜂缘蝽，如果防治不及时，造成“症青”，会严重减产，甚至绝产。另外还要注意及时防治蚜虫和飞虱，尽量减少病毒病感染，否则会贪青晚熟，影响产量。

第二节　适墒播种

播种是玉米大豆间作种植最关键的环节，俗话说：“七分种，三分管，一播全苗是关键。”因此，在玉米大豆间作种植过程中，要抓好种子处理、适墒早播、免耕精播、种肥同播等关键环节，切实提高播种质量，为苗全、苗匀、苗壮打好基础。

一、种子处理

玉米大豆间作种植，播种前最好进行种子处理，有条件的要进行包衣或者拌种，可以有效预防玉米、大豆苗期的病虫害。

（一）玉米

选择高质量的种子是获得玉米高产的保证。玉米品种要求满足单株生产能力强、适宜当地间作种植，且高产，抗病、抗倒、抗逆性强，适应性广，耐密植，适宜机收等特性。

1. 精选种子

玉米必须选择精选后包衣的商品种子，要确保种子质量要求达到国家二级标准以上，无霉变粒和破损粒，种子大小、粒型一致，籽粒饱满，色泽良好。种子纯度≥98%，发芽率≥95%，净度≥98%，水分≤13%。

2. 播前晒种

选好的玉米商品种子，有条件的要在播种前 1 周，选择晴朗无风的天气，将种子摊开在阳光下翻晒 2~3d。这样可打破种子休眠，杀死部分病菌，提高发芽势和发芽率。

3. 种子包衣

建议对购买的玉米商品种子进行二次包衣，这样可以有效防控苗期病虫害。包衣用的药剂，选用噻虫嗪+溴虫氰酰胺，可以预防玉米苗期虫害；选用精甲霜灵+咯菌腈+嘧菌酯，能有效预防玉米苗期病害。种子包衣后要在阴凉、通风处晾干（注意不能晒干），晾干后再播种。

（二）大豆

间作大豆要选择高品质种子，包括精选包衣，抗性好（抗倒、抗逆），适应性好，品质好，产量高，适宜机械化收获，适宜当地间作种植，特别是耐阴性好等特点。

1. 精选种子

最好选用经过包衣的商品种子。种子质量要求达到国家二级标准以上，纯度≥98%，净度≥99%，发芽率≥90%，水分≤13%。

2. 播前晒种

播种前10d左右，选择晴天中午翻晒1~2d，温度25~40℃，摊晒均匀，可以增强种子活力，提高发芽势。

3. 种子包衣

可用15%福·克·酮（福美双+克百威+三唑酮）悬浮种衣剂，药种比1∶60，进行种子包衣处理，可以有效预防苗期主要病虫害的发生。

4. 微肥拌种

建议用50~100g/亩根瘤菌拌种，或用钼酸铵1∶200、1%磷酸二氢钾拌种，效果更好。注意要先用微肥拌种，阴干后再进行种子包衣。

包衣的种子要阴干或晾干，不能在高温天气下暴晒。拌种后，必须当天播种用完。

二、适墒精播

玉米大豆间作种植，精播主要是利用专用玉米大豆间作一体化播种机，进行机械精量播种，并且要适墒播种，抢时早播，免耕精播，种肥同播。

玉米是单子叶植物，可以先浇水造墒再播种，或者先播种再浇水。但大豆是双子叶植物，对土壤水分状况要求相对严格，要在土壤墒情适宜的条件下，抓紧时间播种，才能提高播种质量。适宜墒情标准一般要求土壤相对含水量为70%~80%，手抓起土壤，握紧能结成团，在1m高处放开，落地后能散开。如果土壤墒情不足，可在小麦收获前先浇水，小麦成熟收获后适墒播种；或者小麦收获后尽快浇水造墒，再适墒播种；或者播种后马上进行微喷，一定要注意浅播种，少喷水，田间尽量不要有积水，以免土壤板结，影响大豆出苗。如果墒情适宜，可在小麦收获后尽早抢墒播种。

小麦收获时，要尽量降低秸秆留茬的高度，为了便于播种，一般留茬要求低于20cm，并且秸秆要均匀抛撒，粉碎长度小于5cm。如果收获小麦后的秸秆留茬过高，特别是大于20cm以上的，要在晴天午后用秸秆还田机进行小麦秸秆灭茬处理后，待墒情适宜时再播种。如果墒情不好，要尽快浇水造墒，以提高出苗质量。

进行玉米大豆间作高效种植，2∶3 间作种植模式主要采用 2BMZJ-5 型玉米大豆间作施肥播种机，2∶4 间作种植模式主要采用 2BMZJ-6 型或 2BMFJ-PBJZ6 型玉米大豆间作施肥播种机。其他的间作模式，目前没有成熟配套的一体施肥播种机，可以使用两台机械，玉米、大豆单独同时播种，单粒免耕精播，播种深度为 3~5cm，要深浅一致。

采用玉米大豆间作专用精量播种机，在尽量降低小麦留茬高度的同时，要严格机械精播程序，行株距、播深、喷药量等指标都要达到农艺要求。播深 3~5cm，间距和深浅均匀一致，一般不要镇压（沙壤土除外），行距、株距严格按照密度要求。精播是玉米大豆间作高效种植密度、匀度的保证。

三、适宜播期

在黄淮海地区，玉米、大豆均可以夏播种植，生育期较短，一般在 110d 左右。因此，玉米大豆间作种植的适宜播种时间为 6 月 5—20 日，可以适当早播。播种过晚，玉米、大豆不能正常成熟，将造成严重减产，且籽粒不饱满，影响产品质量。小麦收获后，墒情适宜要抢时播种，越早越好，最迟 6 月 25 日前结束播种。在玉米粗缩病连年发生的夏播区域，玉米适宜播期为 6 月 10—15 日，重病区可以在 6 月 15 日前后播种。

一般 6 月雨水相对集中，一定要密切关注天气预报，不要在大雨的前一天播种，防止雨后土壤板结，造成大豆顶苗，影响出苗质量。

四、种肥同播

玉米大豆间作种植，施肥与播种同时进行，使用玉米大豆间作专用播种施肥机播种，实现种肥同播。玉米施肥按单作需肥量施用，一般每亩可施氮磷钾缓控释肥 30~40kg，氮磷钾总含量在 45%以上，特别是氮含量要在 25%左右。玉米大豆间作种植采用减量施肥技术，与常规施肥相比，每亩可减少氮肥 4kg，在距离玉米带 25cm 处施肥，玉米攻穗肥和大豆底肥合并施用。大豆一般不施肥，可在结荚鼓粒期喷施 0.3%的磷酸二氢钾等叶面肥；如果大豆出现脱肥现象，可叶面喷施 0.2%的尿素溶液，以延长叶片功能期，提高产量。

五、播量密度

目前，在黄淮海地区示范推广的玉米大豆间作种植模式，主要有 2∶3 种植模式和 2∶4 种植模式。根据土壤肥力，玉米可缩小株距为 12cm，密度增加到 4 200～4 800株/亩，用种量 2.0～2.5kg/亩，密度与单作相当；大豆一般株距 10cm，密度为 8 700～10 000株/亩，用种量为 2.5～3.0kg/亩。

（一）玉米大豆间作 2∶3 种植模式

采用 2BMZJ-5 型玉米大豆间作施肥播种机播种，玉米、大豆同时进行播种。可以麦后直播；为了提高播种质量，也可以收获小麦后，先灭茬再播种；有条件的，也可以精细整地后再播种。

玉米大豆间作 2∶3 种植模式，带宽 230cm，玉米 2 行，行距 40cm，株距 12cm，播种密度 4 800株/亩左右；大豆 3 行，行距 30cm，株距 10cm，播种密度 8 700株/亩左右，玉米与大豆间距 65cm。

（二）玉米大豆间作 2∶4 种植模式

采用 2BMZJ-6 型和 2BMFJ-PBJZ6 型玉米大豆间作施肥播种机播种。可以麦后直播，也可以收获小麦后先灭茬再播种。

玉米大豆间作 2∶4 种植模式，带宽 260cm，玉米 2 行，行距 40cm，株距 12cm，播种密度 4 200株/亩左右；大豆 4 行，行距 30cm，株距 10cm，播种密度 10 000株/亩左右，玉米与大豆间距 65cm。

六、存在的问题

一是土壤墒情不好，水分不足，因干旱而影响大豆出苗。

二是土壤湿度太大，播种时易形成大的土块坷垃，影响大豆出苗。

第三节　化学除草

玉米大豆间作种植模式，由于玉米是单子叶植物，大豆是双子叶植物，而杂草有禾本科和阔叶类杂草，种类繁多，繁殖力强，传播方式多样，危害时间长，与玉米、大豆竞争养分、水分和光照，直接影响玉米、大豆的产量和品质，因此，杂草防除成为玉米大豆间作高效种植田间管理的关键技术。

在杂草防除过程中，要科学合理地选择和施用除草剂，既要选择省时省工的除草方式，又要选择低毒高效的化学药剂和适宜浓度。这样既可以有效防除田间杂草，又能减轻对玉米、大豆的苗期危害。多年的试验示范推广经验表明，做好播后苗前的田间封闭除草至关重要。如果除草效果好，可以减少用工，降低成本。如果除草效果不理想，苗后大豆、玉米还要分别定向除草。

一、播后苗前除草

玉米大豆间作种植适墒播种后，要抓紧时间喷施除草剂，可选用96%精异丙甲草胺乳油60~85mL/亩，或33%二甲戊灵乳油150~200mL/亩，兑水40~50kg。在播种后2d内，进行表土喷雾，封闭除草。田间有大草的，可加草铵膦一起喷施。一定注意表土不能太干，要喷施足够量的水，且喷洒均匀，不要重喷、漏喷。

二、苗期除草

如果播后苗前除草效果不好，或苗期雨水量大，田间杂草较多时，苗后大豆、玉米要分别进行定向除草。

（一）玉米

防除间作玉米田间杂草，可选用玉米苗后全功能型除草剂——27%烟·硝·莠（烟嘧磺隆2%+硝磺草酮5%+莠去津20%）可分散油悬浮剂，以达到禾阔双除的目的。在玉米3~5叶期、杂草2~4叶期，每亩用量150~200g，兑水30~40kg，进行茎叶定向喷施除草。机械或人工喷药时，要做到不漏喷、不重喷，不盲目加大施药量，施药前后7d内，尽量避免使用有机磷农药。

（二）大豆

如果苗前除草效果不好，单、双子叶杂草混生田，在大豆2~3片复叶期，可选用10%精喹禾灵乳油30mL/亩+25%氟磺胺草醚水剂25mL/亩，兑水30~40kg，对间作大豆行间杂草茎叶进行定向喷雾，要在早晚气温较低时进行。

三、注意事项

1. 预防药害

严格控制施药时期，间作玉米苗后除草宜在3~5叶期，喷药时不能与有机磷类杀虫剂混用；间作大豆施药最佳时间为2~3片复叶期，氟磺胺草醚的剂量一定要严格按照说明要求的剂量使用，并且加足量水，保证每亩药量兑水30~40kg。

2. 施药时间

10：00前或16：00后、没有露水时施药，避免午时高温、大风天气施药，以保证人身安全。

3. 人工施药

可在喷头上加带防护罩，最好是压低喷头行间喷雾，以减少用药量，提高防效，同时防止药液喷洒到相邻作物上。

4. 机械施药

用植保机械喷药时，在玉米和大豆行间要加装物理隔帘，实施苗后定向喷药除草。

5. 喷雾均匀

无论是机械还是人工施药，一定要均匀，不漏喷、不重喷，且田间地头都要喷到。

第四节 适时化控

在适当的时期利用化学药剂进行调控，能够有效控制作物旺长，降低植株高度，增强茎秆抗倒性，减少倒伏，提高田间通风透光能力，有利于机械化收获。特别是玉米大豆间作种植时，由于光照条件的限制，大豆易倒伏，结荚少，产量低，品质差，而初花期叶面喷施烯效唑能改善大豆株形，延长叶片功能期，促进植株健壮生长，减少落花落荚，提高大豆产量。

一、玉米

玉米大豆间作种植，间作玉米相对于普通大田种植，单位面积上增加了密度，加大了玉米倒伏的风险。在玉米生长过程中，适期喷施化学调节剂能够有效防止玉米倒伏，控制旺长，提高产量，利于机械收获。

（一）化控药剂

玉米化控常用的调节剂有乙烯利、玉米健壮素、缩节胺、矮壮素等单剂。市场上不同名称的调节剂较多，大多是上述化学药品的单剂或混剂。

（二）施药时期

根据化学调节剂的不同性质选择施药时期，一般最佳使用时期为玉米6~10叶期（完全展开叶）。在拔节期前喷药主要是控制玉米下部茎节的高度，拔节期后施用主要是控制上部茎节的高度。

（三）施用方法

间作玉米苗期施用氮肥过多，或雨水较大，往往会造成幼苗徒长。在玉米6~10片叶的时候，可选用30%玉黄金水剂（主要成分是胺鲜酯和乙烯利）10mL/亩、兑水15kg，均匀喷洒在叶片上；也可用缩节胺（助壮素）20~30mL/亩、兑水40kg，在玉米大喇叭口期喷施。喷药时要均匀喷洒在上部叶片上，不要重喷、漏喷，喷药后6h内如遇大雨，可在雨后酌情减量再喷施一次。

二、大豆

在黄淮海地区，玉米大豆间作种植时，由于两者同期播种，共生期长，夏大豆出苗后需要经历长时间的荫蔽环境，致使大豆徒长，容易造成倒伏，不仅影响后期大豆产量，也不利于机械化收获。因此，要根据间作大豆的田间长势，适时进行化控，控制大豆旺长，防止倒伏，有利于机械化收获，减少损失。

（一）化控药剂

大豆化控常用的生长调节剂有烯效唑、多效唑等。烯效唑是一种高效低毒的三唑类新型植物生长调节剂，具有强烈的生长调节功能和内吸性广谱杀菌作用，与同类三唑类和多效唑相比，烯效唑的生物活性更高，杀菌力更强，处理种子降低感染病菌概率，对环境更安全，对后茬作物无“二次控长”现象，已被广泛应用于各种作物上，且对多种作物具有增产作用，还能改善品质。经过多年的试验示范，烯效唑处理对大豆的化控效果好，无残留，并且能矮化植株，茎粗、分枝数、结荚数不同程度的增加，抗倒伏能力增强。

（二）施药时期

大豆化控可以分别在播种期、始花期进行，利用烯效唑处理可以有效抑制植株顶端优势，促进分枝发生，延长营养生长期，培育壮苗，改善株型，利于田间通风透光，减轻玉米大豆间作种植模式中玉米对大豆的荫蔽作用，利于解决玉米大豆间作生产中争地、争时、争光的矛盾，为获取大豆高产打下良好的基础。

1. 播种期

大豆播种前，种子用5%的烯效唑可湿性粉剂拌种，可有效抑制大豆苗期节间伸长，显著降低株高，达到防止倒伏的效果，还能够增加主茎节数，提高单株荚数、百粒重和产量，但拌种处理不好会降低大豆田间出苗率，因此，一定要严格控制剂量，并且科学拌种。可在播种前1~2d，每千克大豆种子用6~12mg 5%烯效唑可湿性粉剂拌种，晾干备用。

2. 开花期

开花期降水量增大，高温高湿天气容易使大豆旺长，造成枝叶繁茂、行间郁闭，易落花落荚。长势过旺、行间郁闭的间作大豆，在初花期可叶面喷施5%烯效唑可湿性粉剂600~800倍液，控制节间伸长和旺长，促使大豆茎秆粗壮，降低株高，不易徒长，有效防止大豆后期倒伏、影响产量和收获质量。一定要根据间作大豆的田间生长情况施药，并严格控制烯效唑的施用量和施用时间。施药应在晴天16：00以后，若喷药后2h内遇雨，需晴天后再喷1次。

三、注意事项

（一）玉米

玉米化控的原则是喷高不喷低，喷旺不喷弱，喷绿不喷黄。施用玉米化控调节剂时，一定要严格按照说明配制药液，不得擅自提高药液浓度，并且要掌握好喷药时期。喷得过早，会抑制玉米植株正常的生长发育，造成玉米茎秆过低，影响雌穗发育；喷得过晚，既达不到应有的效果，还会影响玉米雄穗的分化，导致花粉量少，进而影响授粉和产量。

（二）大豆

玉米大豆间作种植时，可以利用烯效唑通过拌种、叶面喷施等方式，来改善大豆株型，延长叶片功能期与生育期，合理利用温、光条件，促进植株健壮生长，防止倒伏。但一定要严格控制烯效唑的施用量和施用时间。如果不利用烯效唑进行种子拌种，而采用叶面喷施化学调控药剂时，一般要在开花前进行茎叶喷施，化控时间过早或烯效唑过量，均会导致大豆生长停滞，影响产量。综合考虑烯效唑拌种能提高大豆出苗率，又利于施用操作和控制浓度，可研究把烯效唑做成缓释剂，对大豆种子进行包衣，简化烯效唑施用，便于大面积推广。

第五节 水肥调控

光合作用是植物生长发育的基础，是系统产量效益的直接影响因素。土壤水肥状况直接影响着作物的光合作用。水分不足会抑制作物气孔开放，影响光合原料的吸收，养分不足会影响植株生长以及叶绿素等光合元素的合成，所以良好的水肥状况是作物光合特性发挥的基础，同时也是系统经济效益的保障。研究表明，盲目的施肥和灌溉，会导致资源浪费和环境污染，合理的水肥管理措施才可达到“水肥互促”的目的。黄淮海地区，玉米大豆间作系统种间生态位重叠较大，对水分、养分的竞争更加激烈，易产生水肥亏缺，从而限制系统产出。因此，只有通过农艺措施和合理的施肥灌排技术，达到以肥调水、以水促肥，充分发挥水肥的协同效应，才能提高光合效率，增强根和叶的生理活性，从而提高玉米大豆间作种植的综合效益。

一、抗旱防渍

科学灌排，不仅是作物的生理需要，更重要的是以水调温，以水调肥，以水调气，促进作物增产的重要措施，达到节水、优质、高产的目的。

（一）抗旱

玉米、大豆生长过程中，某一生育阶段缺水，会直接影响生育阶段，还会影响以后阶段的生长发育及干物质积累。

1. 玉米

玉米是起源于热带、亚热带地区的 C_4 高光效作物，喜暖湿气候，对水分极为敏感。玉米植株体内的水分通过根系从土壤中获得，因此土壤水分状况对玉米生长有重要的影响。当田间干旱缺水时，玉米植株光合作用会受到影响，光合强度降低，不利于玉米各器官的生长发育。

（1）播种期

要实现玉米高产、稳产，苗全、苗壮是前提。相关研究表明，玉米出苗的适宜土壤水分为80%左右田间持水量，土壤过干、过湿，均不利于玉米种子发芽、出苗。在黄淮海地区，夏玉米播种时间一般在6月上中旬，此时农田土壤的水分已被小麦消耗殆尽，又是干旱少雨季节，耕层土壤水分不利于夏玉米出苗，下层土壤水分也不能及时向上层移动供给种子发芽以满足出苗需要。这时如果播种，只有等待浇水或降水，否则不能及时出苗，更不能保证苗全、苗壮。因此，播种时要根据土壤墒情及时浇水，可在小麦收获前浇水造墒，麦收后适墒播种；或小麦收后尽快浇水造墒，再播种；或播后浇“蒙头水”，微喷、滴灌等。

（2）苗期

玉米从出苗到拔节的前阶段为苗期，为了促进根系生长可适当控水蹲苗，以利于根系向纵深发展。此时根系生长快，根量增加，茎部节间粗短，利于提高后期的抗倒伏能力。但是否蹲苗应根据苗情而定，经验是“蹲黑不蹲黄、蹲肥不蹲瘦、蹲湿不蹲干”。玉米苗黑绿色、地力肥沃、墒情好的地块可以蹲苗，反之苗瘦、苗黄、地力薄的不宜蹲苗。

（3）拔节期

拔节初期（小喇叭口期，一般在 7 月上旬），玉米开始进入穗分化阶段，属于水分敏感期，此阶段夏玉米对水分的敏感指数为 0.131，仅次于抽穗灌浆阶段，这个时期如果高温干旱缺水会造成植株矮小，叶片短窄，叶面积小，还会影响玉米果穗的发育，甚至雄穗抽不出，形成“卡脖旱”。尤其是近几年高温干旱热害天气出现的时间比较长，直接影响玉米后期果穗畸形、花粒，进而造成减产。此时如果土壤干旱应及时灌水，或者使用喷灌、滴灌来改善田间小环境，确保夏玉米拔节、穗分化与抽穗、穗部发育等过程对水分的需求。

（4）花粒期

夏玉米从抽雄穗开始到灌浆为水分最敏感时期，此时的敏感指数为 0.17 以上，要求田间土壤含水量在 80%左右为宜。俗话说“春旱不算旱，秋旱减一半”，可见水分在这个时期的重要性。如果土壤水分不足，就会出现抽穗开花持续时间短，不孕花粉量增多，雌穗花丝寿命短，不能授粉或授粉不全，空秆率上升，籽粒发育不良，穗粒数明显减少，秃尖多等现象，造成严重减产。黄淮海地区 7—9 月降水较多，一般情况下，不需要灌水就可以满足玉米的正常生长发育。但有时还有伏旱发生，必须根据墒情及时灌水。

2. 大豆

大豆根系不发达，且需水量较大，对水分胁迫十分敏感。干旱不仅影响大豆植株的生长发育，并且会影响大豆的品质与产量。在所有影响大豆产量的因子中，干旱对大豆产量的影响最为严重，特别是鼓粒期干旱对大豆产量影响最大，其次是花荚期干旱，营养生长期干旱影响最小。夏大豆生长发育期内耗水量大且对水分反应敏感，需要消耗 600~800g 的水才能形成 1g 的干物质，由此可见，大豆生长发育过程中需要消耗大量的水。不同生育时期，大豆对水分的需求量有着显著差异，大豆的水分临界期主要是种子萌芽期、开花结荚期和鼓粒期。特别是花荚期对水分需求量最大。干旱的程度越大对大豆产量的影响越大，有的甚至会绝产。

（1）苗期

夏大豆苗期供水量的多少是影响其产量的重要因素。大豆萌芽期遭遇干旱，严重影响大豆出苗，难以保证群体密度，不能达到苗全、苗壮、苗匀的目的。由于大豆苗期的叶片比较小，不能完全覆盖土壤，使土壤被太阳直接照射，最终导致上层土壤水分迅速蒸发；而且发育不完整的大豆苗期时根系很难吸收到深层土壤中的水分，所以要想保持上层土壤的水分就必须及时进行灌溉，这样才能保证根系正常吸水，保证植株正常生长。由于大豆足墒播种，所以在出苗 15d 以内，土壤含水量少些，能促进根系下扎，防止后期倒伏，起蹲苗的作用，除非过于干旱或苗弱，一般不必浇水。

（2）开花期

俗话说，“大豆开花，垄沟摸虾；干花湿荚，亩收石八（丰收）”。水分在大豆的开花、结荚、鼓粒期是十分重要的。如果开花后 4~7 周时缺水 7d，可减产 36%，所以要及时灌水。

由于花荚期是大豆营养生长与生殖生长并行的时期，是大豆生长最需水的生长期，此时大豆对水分的变化感知度更灵敏，需水量大，干旱会影响大豆产量。开花期是大豆需水的关键时期，代谢旺盛，耗水量大。如天气连续干旱或降水量小（土壤含水量低于 65%），导致植株生理缺水（中午叶片出现萎蔫），易引起大量落花落荚，同时会造成有效结荚减少，秕荚数增加，单株粒数减少，单株荚数下降，因此，要经济灌溉，积极采取“三沟配套”（畦沟、腰沟、边沟）等措施，提高水分利用率，充分利用自然降水，有条件的可采用喷灌或滴灌等经济灌溉方式浇水，有效增加单株荚数、粒数和粒重。没有灌水条件时，至少要在盛花期灌水一次。灌水原则是小水勤浇细灌，渗湿土壤，切忌大水漫灌，田间有积水要及时排出。否则易引起豆叶卷曲发黄、根部霉烂。

（3）结荚鼓粒期

大豆结荚鼓粒期，是大豆对水分最敏感的时期，同时是大豆籽粒发育和产量形成的关键时期，此时干旱会对大豆的产量和种子的质量有很大影响，会导致大豆百粒重下降、单荚粒数减少，秕荚数量增多，还会影响大豆鼓粒进程和籽粒品质，有时会造成植株早衰而提前成熟，从而直接导致产量大幅度下降。因此，大豆结荚鼓粒期干旱时，应适时适量灌水，且小水细灌，以利于养分向籽粒输送，可以增加粒重并延长鼓粒天数。

如遇天气连续干旱（田间持水量低于70%），灌溉时间最好在15：00至翌日11：00，以满足大豆的生理需要，保证水分供应，维持叶片和根系的活力，使其正常生长发育，以水攻粒对提高大豆产量和品质有明显效果。要小水浇灌，最好是田间无积水、地表不板结。大豆鼓粒后期，要求充足的阳光和干燥的环境，以利于籽粒脱水，促进早熟。

（二）防渍

玉米大豆间作种植时，对容易发生内涝的地块，要采用机械排水和挖沟排水等措施，及时排出田间积水和耕层滞水，有条件的可以中耕松土施肥，或喷施叶面肥。

1. 玉米

（1）播种期

土壤干旱缺水影响玉米种子发芽与出苗，但土壤过湿，含水量偏高也不利于玉米出苗。若玉米播种时浇完水遇到降水，造成田间耕层土壤水分偏高，土壤通气性变差，时间过长易造成烂种。为此，播种出苗时也要求对过湿的地块进行排水，为玉米籽粒萌芽出苗创造好的条件。

（2）苗期

玉米苗期怕涝不怕旱。山东省德州市春季多旱，只要灌好播前水或“蒙头水”，土壤有好的底墒，就可以苗齐、苗全、苗壮。倘若土壤含水量过多，就会影响根系在土壤中吸收养分，植株发育不良。因此，应做好田间排水，避免苗期受涝渍危害。

（3）拔节期

玉米进入拔节期后是玉米由单纯的营养生长转为营养生长与生殖生长并行的时期。此期间营养旺盛，生殖器官逐渐分化形成，是玉米雌雄穗分化的主要时期。这个时期玉米需要有充足的土壤水分，但遇有暴雨积水，水分过多时也会影响玉米的发育，涝渍较严重的地块注意排湿除涝，增加根部活性，结合喷施叶面肥，促进水肥吸收。

（4）花粒期

黄淮海地区夏玉米灌浆期正值雨季，此时营养体已经形成并停止生长，尤其是玉米生长中后期，根系的活力逐渐减退，耐涝程度逐渐减弱。因此，必须做好雨季的防涝除渍准备，及时疏通排水沟，在遇到暴雨或连阴雨时要立即排涝，对低洼田块在排涝以后最好进行中耕，破除板结，疏松土壤，促进通气性，改善根际环境，延长根系活力，减少涝灾的危害。

2. 大豆

近几年，黄淮海地区 8—9 月，正是夏大豆结荚鼓粒期，容易发生大雨天气，阶段性涝害时有发生，对大豆生产带来了严重的影响。田间渍水是大豆生产中常见的灾害现象，容易胁迫抑制大豆植株生长，扰乱大豆正常生理功能，使大豆产量和品质受到严重影响，造成株高降低，叶面积指数减小，根系发育受阻，根干重和根体积降低，叶色值和净光合速率降低，渗透调节物质和保护酶活性均会发生变化。

（1）苗期

大豆播种后，要及时开好田间排水沟，使沟渠相通，保证降水时畦面无积水，防止烂种。如果抗旱灌水时，切忌大水漫灌，以免影响幼苗生长。如果雨水较大，田间出现大量积水时，要及时疏通沟渠排出积水，避免产生渍害，影响玉米、大豆生长。

（2）开花期

大豆虽然抗涝，但水分过多也会造成植株生长不良，造成落花落荚，甚至倒伏。如果开花期降水量大，土壤湿度超过田间持水量 80%以上时，大豆植株的生长发育同样会受到影响。如遇暴雨或连续阴雨造成田间渍水时，低洼地块要注意排水防涝，应及时排出田间积水，以降低土壤和空气湿度，促进植株正常生长。

（3）结荚鼓粒期

结荚鼓粒期，进入生殖生长旺盛时期，对水分需求量较大。如遇连续干旱，要及时浇水，并且小水浇灌，田间无明显积水。如遇暴雨天气，土壤积水量过多，会引起后期贪青迟熟，倒伏秕粒。因此，要及时排出田间积水，有条件的可在玉米行和大豆行间进行中耕，以除涝散墒。

二、合理施肥

科学合理施肥是实现高产、稳产、降低成本且保护环境的一个重要措施。生产中要根据作物需肥规律，合理施用肥料，通过施肥改善土壤条件，以最少的投入获得作物高产和优质农产品。

（一）玉米

1. 种肥

玉米大豆间作种植时，玉米施肥按单作需肥量施用，一般每亩施用30~40kg氮磷钾复合肥，建议采用缓控释肥，要求控释氮至少达到8%，50~60d释放期。利用减量施肥技术，比常规施氮肥每亩可减少4kg，在距玉米带25cm处施肥，玉米攻穗肥与大豆底肥合并施用，大豆一般不施种肥。

2. 追肥

玉米整个生育期吸收肥料的时间比较长，所需肥料的量也大，为了实现高产高效，单靠播种时施入的氮磷钾复合肥往往不能满足玉米生长的需要，有条件的需要适时进行追肥。玉米追肥需要掌握作物对养分吸收的临界期和效率期，尽量做到在营养盛期进行科学追肥，这样才能提高肥料的利用率，充分发挥增产作用。玉米追肥一般在拔节后到大喇叭口期，正是决定玉米穗长穗粗的关键时期，追肥能满足拔节孕穗对养分的需要，促进穗分化，使玉米穗大粒多，玉米增产效果明显。追肥以重施氮肥为主，亩追施尿素10~15kg，在玉米大豆之间的行侧机械开沟深施，可采用小型中耕施肥机进行施肥作业。如在地表撒施时一定要结合灌溉或有效降水进行，防止造成肥料损失。

3. 叶面肥

玉米各生育期如果因土壤养分不足或缺少微量元素，可适量喷施叶面肥来补充营养。

（1）苗期

玉米苗期如果植株生长缓慢矮小，叶色褪淡，叶片从叶尖开始变黄，是缺氮的症状，可叶面喷施 0.2%~0.5%尿素溶液；如苗期出现花白苗，叶片具浅白条纹，由叶片基部向顶部扩张，可用 0.2%~0.3%硫酸锌溶液叶面喷施。

（2）穗期

玉米进入穗期（从拔节至抽雄穗这一阶段），植株生长旺盛，对矿质养分的吸收量最多，吸收强度最大，是玉米一生中吸收养分的重要时期。除了追施穗肥之外，可根据长势适时补充适量的微肥，一般用 0.2%硫酸锌溶液进行全株喷施，每隔 5~7d 喷 1 次，连喷 2 次；也可每亩用磷酸二氢钾 150g，兑水 50kg，均匀地喷到玉米植株上中部的绿色叶片上，一般喷 1~2 次即可。

（3）花粒期

进入花粒期，玉米根、茎、叶等营养器官生长发育停止，继而转向以开花、授粉和籽粒灌浆为主的生殖生长阶段。这时根系吸收土壤养分的能力逐渐下降，若玉米下部叶片发黄，脱肥比较明显，可用 0.4%~0.5%磷酸二氢钾溶液进行喷施，达到养根保叶，防止植株早衰的效果。叶面肥喷施时，应避开烈日，10：00 以前和 16：00 以后喷施效果最佳。喷后 2h 内遇雨应重喷。

（二）大豆

1. 种肥

大豆苗期根瘤不能固氮，要从土壤和植物体中吸收养分。间作播种时，可适量增施肥料，有利于培育壮苗和根瘤生长。结合播种，每亩施大豆专用复合肥（$N:P_2O_5:K_2O=1:1.5:1.2$）10kg，注意种肥分离，肥料位于种下及侧方各 5~8cm，防止烧苗。根据土壤肥力不同，适当增减施肥量。

2. 追肥

没有施种肥的，在间作大豆分枝至开花期（播种后 20~40d），追施氮磷钾复合肥 5~10kg/亩。开花后未封垄的，可追施大豆专用肥或氮磷钾复合肥 10kg/亩。对于土壤肥力差，植株长势较弱、发育不良的大豆，可提前 7~10d 追肥，并增加追肥数量。

中耕培土是提高水肥利用率的有效途径，有条件的，可在玉米行和大豆行间进行一次中耕，要先浅后深，在真叶展开后，晴天及早进行第一次中耕。利用中耕追肥机完成施肥、中耕、培土、除草等作业，可壮苗防倒、保墒保水。

土壤肥力不足的地块，可在鼓粒初期（播种后60d左右）追施氮磷钾复合肥10kg/亩，保荚、促鼓粒，增加单株有效荚数、单株粒数和百粒重。

3. 叶面肥

（1）苗期

没有施种肥的，大豆苗期可喷施生根壮苗叶面肥2~3次，结合防病治虫同时进行。

（2）开花期

开花期的大豆营养和生殖生长进入旺盛期，需要养分增多。如果土壤肥力较差，或间作播种时没有施种肥的大豆，到生长中后期就会出现脱肥现象，表现为花荚少、脱落多、叶色淡，茎秆细弱，生长缓慢，营养不足，影响植株的生长和结荚数量，降低产量。叶面喷肥主要是弥补养分不足，减少脱荚，提高粒重。

初花期结合中耕培土，每亩追施尿素或氮磷钾复合肥5~6kg。同时可叶面喷施0.4%磷酸二氢钾、0.4%硼肥和锌肥、0.1%的钼酸铵溶液，40~50kg/亩，保证营养供给，促进开花结荚，确保花荚的正常发育，提高结荚率，籽粒饱满，提高大豆产量和品质。

（3）鼓粒期

如发现脱肥现象，可叶面喷施0.2%尿素溶液40~50kg/亩，以保证籽粒饱满。鼓粒中后期，一般地块要着重进行叶面喷肥，隔7~10d喷施0.3%磷酸二氢钾和0.1%钼酸铵溶液1次，连续喷施1~2次，可延缓大豆叶片衰老，促进鼓粒，增加百粒重，提高产量。

第六节　虫害防治

玉米大豆间作种植，因通风透光性好，病害发生较少，主要是防治田间害虫，可用机械飞防，玉米、大豆同时喷施药剂。

一、玉米

间作玉米的主要害虫是地下害虫和玉米螟、桃蛀螟、黏虫、棉铃虫、蓟马、蚜虫等。

（一）地下害虫

玉米地下害虫主要有地老虎、蛴螬、金针虫、二点委夜蛾、蝼蛄等。

1. 为害特点

幼虫直接啃食、钻蛀萌发的种子；或从幼苗茎基部钻蛀，形成孔洞；或从地面上咬断幼苗，导致幼苗萎蔫，干枯死亡。

2. 防治措施

（1）农业防治

深翻土地，精耕细作，减少田间虫卵的存活数量，合理轮作，清除田边杂草，适当调整播期，可减轻地下害虫的为害。

（2）物理防治

根据多种地下害虫具有趋光性的特点，利用黑光灯或频振式太阳能杀虫灯诱杀成虫，也可配制糖醋液（配比是红糖 6 份、醋 3 份、白酒 1 份、水 10 份、90%敌百虫 1 份），或用谷草把诱杀成虫。

（3）化学防治

①种子包衣。防治地下害虫，包衣是最经济有效的方法。杀虫剂可选用吡虫啉、噻虫嗪等，每 10kg 种子有效成分用量为 12～36g，或氯虫苯甲酰胺每 10kg 种子有效成分用量为 20～25g。对玉米种子进行包衣，可很好地控制地下害虫和苗期灰飞虱、蓟马、蚜虫。

②施用毒土。播种后用 50%辛硫磷乳油 200g/亩，稀释 10～20 倍后喷洒在 20kg 干细土上，拌匀后，均匀撒在播种沟内。也可每亩用 50%辛硫磷乳油或 48%毒死蜱乳油 1kg，播种后浇蒙头水时，随水滴入乳油。

③药剂喷雾。在地下害虫孵化盛期或 1 龄幼虫为害初期，用 2.5%高效氯氟氰菊酯乳油 1 000倍液或高效氯氰菊酯乳油 1 000倍液，在傍晚喷雾，重点喷施玉米苗周围表土。

（二）玉米螟

1. 为害特点

玉米螟又叫玉米钻心虫，初孵幼虫为害玉米嫩叶取食叶片表皮及叶肉后即潜入心叶内蛀食心叶，使被害叶呈半透明薄膜状或成排的小圆孔。孕穗期，幼虫集中为害穗苞内的雄穗，当雄穗抽出后，幼虫开始蛀食雄穗柄和雌穗以上的茎秆，造成雄穗及上部茎秆折断。雌穗膨大或开始抽丝时，初孵幼虫集中在花丝内为害，大龄幼虫分散蛀入雌穗着生节及其附近茎节，蛀孔口有大量虫粪排出。

2. 防治措施

（1）农业防治

提倡玉米秸秆还田，秸秆粉碎后可杀死部分越冬幼虫。也可在玉米授粉结束后，剪去花丝，带出田外销毁，避免在雌穗上产卵；或玉米收获后，精耕细耙，杀死越冬蛹，压低越冬基数。

（2）诱杀防治

利用频振杀虫灯或高压汞灯，在成虫发生期晚上诱杀成虫；或利用性信息素诱杀雄虫，每亩 3 个诱芯，均匀排列。

（3）生物防治

在 2 代和 3 代玉米螟产卵期，释放赤眼蜂 2~3 次，隔 5d 放 1 次，每次每亩释放 1 万~2 万头。

（4）化学防治

①颗粒剂灌心。用 3%辛硫磷颗粒剂，或 14%毒死蜱颗粒剂，或 0. 1%、0. 15%氟氯氰颗粒剂在玉米大喇叭口期撒入心叶内。

②药剂喷雾。于幼虫 3 龄前，叶面喷洒 2. 5%氯氟氰菊酯乳油 2 000倍液，或 20%氯虫苯甲酰胺悬浮剂 5 000倍液，或 5%高效氯氰菊酯乳油 1 500倍液。

（三）黏虫

1. 为害特点

玉米黏虫又名行军虫，为杂食性暴食害虫，以幼虫暴食玉米叶片为害。1~2 龄幼虫取食叶片形成孔洞，3 龄以上幼虫为害叶片后呈现不规则的缺刻，严重时将玉米叶片吃光，只剩叶脉。

2. 防治措施

（1）农业防治

加强预测预报，随时掌握种群发生、迁移动态；及时清除田间周边杂草，减少转移到玉米田的虫量。

（2）物理防治

利用成虫对糖醋液的趋性，田间防治用糖醋液盆诱杀成虫；或利用黑光灯、杨树枝诱杀成虫。

（3）药剂防治

在幼虫 3 龄前，可用 5%氟虫脲乳油 4 000倍液，或灭幼脲 1 号、2 号 500~1 000倍液喷雾防治。也可选用 5%S-氰戊菊酯 3 000倍液，或 10%阿维·高氯 1 000倍液，或 4%高氯·甲维盐 1 500倍液喷雾防治。

（四）蓟马

1. 为害特点

玉米蓟马是夏玉米苗期的主要害虫，以锉吸式口器吸食心叶汁液，叶片受害后，出现断续的银白色斑点，并伴随有小污点，严重时叶片干枯；蓟马在玉米心叶内为害时会释放出黏液，致使玉米心叶呈捻状展不开，植株畸形，形成“鞭状”的玉米苗，重者造成烂心，严重影响玉米的正常生长发育。

2. 防治措施

（1）农业措施

结合田间定苗，拔除虫苗带出田间销毁，减少虫源，防止其传播蔓延；增施苗肥，适时浇水，增大农田湿度，抑制蓟马生长发育，促进玉米早发快长，营造不利于蓟马发生发育的环境，以减轻为害。

（2）化学防治

在蓟马发生初期，用 10%的吡虫啉可湿性粉剂 1 500倍液，或 4.5%的高效氯氰菊酯 1 000倍液，或 1.8%阿维菌素 2 000~3 000倍液，对叶片和心叶进行喷施防治。

二、大豆

间作大豆的主要害虫是地下害虫、点蜂缘蝽、甜菜夜蛾、斜纹夜蛾等。

（一）地下害虫

防治地下害虫，最好采用包衣或拌种的方法，可用 26%多·福·克种衣剂拌种或包衣，药种比例1∶60。苗期有害虫发生时，也可用48%毒死蜱乳油500g拌成毒饵撒施，或用3%辛硫磷颗粒剂直接撒施；或喷施48%毒死蜱乳油、10%吡虫啉可湿性粉剂等，防治成虫。绿僵菌与毒死蜱混用，杀虫效果最佳。

（二）点蜂缘蝽

近几年，点蜂缘蝽成为大豆的主要虫害，可吸食叶片、茎秆、籽粒汁液，造成产量、品质降低，严重时会颗粒无收。由于点蜂缘蝽若虫白天极为活泼，爬行迅速，成虫可以迁飞，一家一户的防治效果不好，建议采取化学药剂集中飞防。在大豆盛花期，点蜂缘蝽发生时，用噻虫嗪+高效氯氟氰菊酯+毒死蜱，喷雾防治，一般7~10d喷1次，连续喷2~3次。早晨或傍晚害虫活动较迟钝，防治效果好。

（三）夜蛾类

主要是甜菜夜蛾、斜纹夜蛾等。发生初期，特别是3龄前，体壁薄，未进入暴时期，傍晚时用甲维盐+茚虫威（虱螨脲、虫螨腈）1 000~2 000倍液，配合高效氯氰菊酯和有机硅助剂等，喷雾防治，还可以同时防治卷叶螟、豆荚螟、棉铃虫、食心虫、造桥虫等。

三、注意事项

玉米大豆间作种植时，如果苗期害虫防治不及时，会影响玉米、大豆生长；生育后期不及时防治，会减少大豆叶面积和缩短叶面功能期，造成减产。因此，要注意以下几点。

一是要及早发现，尽快防治。

二是选择适合的农药种类。

三是打药时喷足量的水，人工防治一般30~40kg/亩，飞机防治最少1.0kg/亩。

第七节　病害防治

随着气候、耕作栽培制度、品种选育目标的改变，病害的发生也随之有了新的变化。原来发生的主要病害为害减轻，一些新的或原本次要病害上升为主要病害。

一、玉米

玉米田间常见的主要病害有玉米大、小叶斑病，玉米褐斑病、弯孢叶斑病、锈病等叶部病害；有穗腐病、瘤黑粉病等穗部病害；茎腐病和纹枯病等根茎类病害；还有粗缩病、矮花叶病毒病、顶腐病等。

（一）玉米叶部病害

1. 发生特点

玉米叶斑类病害一般在玉米生长中后期为害，常混合发生，并逐渐加重。病菌在病残体上（病叶为主）越冬，翌年借风雨传播，病害一般从下部叶片开始发生，高温高湿且阴雨天气较多时有利于病害发生和流行。

2. 防治方法

（1）农业防治

及时摘除病株下部病叶，清洁田园，减少侵染来源；合理密植，降低田间湿度；及时追肥浇水，增强植株抗病性；重病田应避免秸秆还田。

（2）药剂防治

在玉米大喇叭口期喷药预防或发病初期喷药防治。可用10%苯醚甲环唑水分散粒剂1 000~2 000倍液，或25%丙环唑乳油2 000倍液，或80%代森锰锌可湿性粉剂500倍液，或43%戊唑醇悬浮剂3 000~5 000倍液喷雾。

（二）玉米瘤黑粉病

1. 发生特点

玉米各个生长阶段，病菌均可直接或通过伤口侵入，在玉米的雄穗、果穗、气生根、茎、叶、叶鞘、腋芽等部位均可生出形状各异、大小不一的瘤状物。发病初期病瘤呈银白色，有光泽，内部白色，肉质多汁，后逐渐变灰黑色，外表的薄膜破裂后，散出大量黑色粉末。玉米生长前期干旱、后期多雨高湿或干湿交替、虫害严重时都可造成该病流行。

2. 防治方法

（1）农业措施

加强栽培管理，选择抗病品种，合理密植，科学追肥，确保植株生长健壮，增强抗病能力，及时彻底清除田间病残体，秋季深翻整地，减少侵染源。

（2）药剂防治

①播前种子包衣，每10kg种子用25g/L咯菌腈种衣剂25mL，或60g/L戊唑醇种衣剂20mL包衣，也可用含有咯菌腈、戊唑醇或苯醚甲环唑等药剂的混配制剂。

②大喇叭口期，用10%苯醚甲环唑2 000倍液，或50%多菌灵，或50%福美双可湿性粉剂500~800倍液，全株喷施1~2次。

（三）玉米茎腐（青枯）病

1. 发生特点

玉米茎基腐病大体分为两种类型，即青枯型和黄枯型。青枯型也可称急性型，病发后叶片自下而上迅速枯死，呈灰绿色，水烫状或霜打状，茎基部发黄变褐，内部空松，手可捏动。从玉米灌浆期开始表现症状，乳熟后期至蜡熟期为显症高峰，病叶到全株显症，发病快，历期短，一般经历一周左右，短的仅需1~3d。高温多雨、土壤湿度大、雨后骤晴、气温剧升利于病菌侵染和病害的流行。

2. 防治方法

（1）农业防治

种植抗病品种，加强田间栽培管理，实行轮作，合理密植，及时清除田间病残体，可减少菌源。

（2）化学防治

发病后目前没有有效方法挽救，可在播种时用生物型种衣剂ZSB或满适金、卫福等包衣，能降低部分发病率。结合种子包衣在8~10叶期，用10%苯醚甲环唑水分散粒剂2 000倍液喷雾预防，可有效控制茎腐病及其他病害的影响。

（四）玉米粗缩病

1. 发生特点

玉米粗缩病是由水稻黑条矮缩病毒引起，靠灰飞虱传毒。病害发生后，病苗变得浓绿，节间缩短，叶片宽短而厚。心叶细小、叶脉呈断续透明状，叶片背部叶脉上出现长短不等的白色蜡状突起。该病发生与带毒灰飞虱数量及栽培条件相关，玉米出苗至 5 叶期，如与传毒昆虫迁飞高峰期相遇，易发病。

2. 防治方法

玉米粗缩病以预防为主，发病后没有有效防治措施。

（1）农业防治

调整播期是目前防治玉米粗缩病最有效的方式。使玉米苗感病期避开灰飞虱迁飞传毒高峰期，夏玉米在 6 月 10 日后播种较好。

（2）化学防治

①种子处理。采用锐胜、高巧种衣剂包衣，可起到部分预防的效果。

②治虫防病。通过防治传毒介体灰飞虱，达到控制病害的目的。可在玉米出苗后，每亩喷施 3%啶虫脒乳油 1 000倍液，或 20%吡虫啉可湿性粉剂 2 000倍液，或 25%吡蚜酮 2 000倍液，间隔 5~7d 喷雾 1 次，连续防治 3~4 次，田间和周边杂草一同喷雾处理。

二、大豆

大豆田间常见病害，苗期病害主要有根腐病、立枯病、胞囊线虫病等，还有病毒病、紫斑病、灰斑病（褐斑病）、霜霉病、锈病、白粉病等。

（一）大豆苗期病害

1. 发生特点

根腐病、立枯病、炭疽病、孢囊线虫病是大豆苗期容易发生的主要病害。

（1）根腐病

在大豆整个生育期均可发生并造成为害，主要发生在大豆根部，初期茎基部或胚根表皮出现淡红褐色不规则的小斑，后变红褐色凹陷坏死斑，绕根茎扩展致根皮枯死，并向上不同程度扩散至下部侧枝，使病茎髓部变褐，叶柄基部缢缩，叶片下垂，但不脱落。根系不发达，根瘤少，地上部矮小瘦弱，叶色淡绿，分枝、结荚明显减少。

（2）立枯病

主要侵染大豆茎基部或地下部，也侵害种子。发病初期病斑多为椭圆形或不规则形状，呈暗褐色，幼苗早期白天萎蔫、夜间恢复，并且病部逐渐凹陷、溢缩，甚至逐渐变为黑褐色。病斑绕茎一周时，整个植株会干枯死亡，仍不倒伏。

（3）炭疽病

苗期至成株期均可发病，主要为害大豆茎及豆荚，也可为害叶片或叶柄。苗期子叶受害，形成暗褐色病斑；成株期叶片病斑边缘深褐色，内部呈浅褐色，不规则；茎部和荚部病斑都为不规则形，红褐至浅灰色，密布黑色小点略呈轮纹状排列。病荚不能正常发育，无种子或形成皱缩、干瘪种子。

（4）大豆胞囊线虫病

苗期感病时，子叶及真叶变黄，发育迟缓，植株逐渐萎缩枯死。发病初期病株根上附有白色或黄褐色如小米粒大小的颗粒，即胞囊线虫的雌性成虫。

2. 防治方法

（1）农业防治

收获后清除田间病残体，带出田间烧毁或深埋，减少菌源；选用抗病包衣种子，与禾本科作物实行 3 年轮作。

（2）种子处理

预防大豆苗期病害最有效的方法是包衣或拌种。可用 25%噻虫・咯・霜灵悬浮种衣剂，药种比 1：200，包衣或拌种预防。

（3）药剂防治

大豆根腐病用 70%甲基硫菌灵或 70%代森锌可湿性粉剂 500 倍液灌根，与生根壮苗剂配用，效果更佳；大豆立枯病用 70%甲基硫菌灵或 20%甲基立枯磷乳油 500 倍液喷雾；大豆炭疽病用 25%溴菌腈可湿性粉剂 2 000~2 500倍液或 50%多菌灵可湿性粉剂 1 000倍液喷雾；大豆胞囊线虫病用甲氨基阿维菌素苯甲酸盐 2 000倍液灌根，用 5%丁硫・毒死蜱颗粒剂 5kg/亩或 10%噻唑膦 2kg/亩与细土充分拌匀后撒施。

（二）大豆病毒病

1. 发生特点

病毒病在大豆整个生育期都能发生，叶片、花器、豆荚均可受害。严重时叶片皱缩，向下卷曲，出现浓绿、淡绿相间，呈波状，植株生长明显矮化，结荚数减少，荚细小，豆荚呈扁平、弯曲等畸形症状。成熟后，豆粒明显减小并出现浅褐色斑纹，严重的有荚无粒。主要是蚜虫、灰飞虱和烟粉虱的为害引起的。

2. 防治方法

蚜虫是为害大豆生产的主要害虫，也是花叶病毒传播的主要介体，刺吸叶片、茎秆汁液、分泌蜜露，传播植物病毒，造成大幅度减产。可用600g/L 吡虫啉悬浮种衣剂包衣；用20%啶虫咪乳油1 500~2 000倍液，10%吡虫啉可湿性粉剂2 000~3 000倍液，92.5%双丙环虫酯10 000倍液，喷雾防治。

烟粉虱的迁飞能力强，体被蜡质，防治困难；要大面积联合防治，或采用熏蒸剂防治；能传播 40 多种植物上的 70 多种病毒，如花叶病毒等。主要防治若虫，重点在叶背面。可用 10%烯啶虫胺水剂2 000倍液，或 1.8%阿维菌素乳油2 000倍液，喷雾防治。

病毒病发生时，也可用 20%盐酸吗啉胍可湿性粉剂 500 倍液，或 20%吗胍·乙酸铜可湿性粉剂（盐酸吗啉胍 10%+乙酸铜 10%）200 倍液。发病初期喷雾，7~10d 喷 1 次，连续防治 2~3 次。

（三）大豆灰斑病

1. 发生特点

大豆灰斑病对大豆叶、茎、荚、籽粒均能造成为害，叶片上病斑开始呈褐色小点，以后逐渐扩展为圆形、椭圆形或不规则形，中部灰色或灰褐色，边缘褐色，与健部分界清晰，气候潮湿时病斑背面有密集的灰色霉层，严重时一片叶上可产生几十个病斑，使叶片提早脱落。

2. 防治方法

田间喷药的关键时期是始荚期至盛荚期。可用 70%甲基托布津或 50%多菌灵可湿性粉剂 500~800 倍液，也可用咪鲜胺或腈菌唑等药剂在叶片发病初期和结荚期各喷 1 次。

（四）大豆紫斑病

1. 发生特点

从嫩荚期开始发病，鼓粒期为发病盛期，主要为害叶片，严重发病时几乎所有叶片长满病斑，造成叶片过早脱落，受害减产，品质下降。

2. 防治方法

用70%甲基硫菌灵可湿性粉剂800～1 000倍液，或25%吡唑醚菌酯乳油1 000倍，喷雾防治，7～10d喷1次，连续防治2～3次。

三、注意事项

玉米大豆间作种植时，如果病害防治不及时，会严重影响产量，因此要高度重视。

一是早发现早防早治。

二是选择适宜的复配农药。

三是喷药要均匀，特别是生育后期飞机防治时，最少加水1.0kg/亩。

第八节　机械收获

玉米大豆间作种植，要在玉米、大豆完熟期收获。根据玉米、大豆成熟情况，可先收获大豆，也可先收获玉米，或者使用两台机械，玉米、大豆同时分别收获。

一、玉米

收获玉米时，要根据玉米的成熟程度确定适宜收获时期，玉米苞叶发黄变白不是玉米籽粒成熟的标志，玉米籽粒的乳线消失出现黑层，呈现出本品种固有的颜色时，才能算是玉米的籽粒成熟，这时收获玉米产量最高。收获期过早，玉米籽粒的乳线没有消失，籽粒还在灌浆时期，会造成玉米减产。研究表明，乳线到达 1/3 处收获减产 10%以上，到达 1/2 处收获减产 5%~8%。采用 2∶3、2∶4 玉米大豆间作种植时，玉米成熟后可用 4YZP-2C 型自走式玉米收获机收获。也可以用玉丰、金达威等两行玉米收获机收获。

二、大豆

在大豆收获过程中，由于机械使用调整不当而造成的收获损失高达 10%以上。

（一）适时收获

大豆完熟期收获，表现为大豆叶片全部脱落，茎秆、豆荚和籽粒均呈现出品种的色泽，籽粒含水量降至 15%以下，用手摇动植株发出清脆响声。机收应避开露水，清除高秆或缠绕的绿色杂草，防止籽粒黏附泥土，影响外观品质。玉米大豆间作 2∶3、2∶4 种植模式，大豆成熟后可用 4LZ-1.0 型或 GY4DZ-2 型自走式大豆联合收割机收获大豆。

（二）机械收获

选择大豆专用收割机，要调整好拨禾轮转速、滚筒转速和间距、割台高度，减轻拨禾轮对植株的击打力度，减少落荚落粒损失，降低破碎率，减少收获损失。要求割茬一般 10cm 以下，不留底荚，不丢枝，综合收割损失率小于 5%，破损率小于 3%，泥花脸率小于 5%。如果间作大豆品种选用‘齐黄 34’，建议成熟后再适当晚收 2~3d，籽粒含水量下降到 13.5%以下，不经过晒场，直接入库或企业收购。

三、收获方式

（一）先收大豆，再收玉米

玉米大豆间作种植采用 2∶3、2∶4 模式时，利用专用的机械分别进行收获。可以先收获大豆，再收获玉米。

（二）先收玉米，再收大豆

玉米大豆间作种植采用2∶3、2∶4模式时，也可以利用专用的机械分别进行收获。先收获玉米，再收获大豆。

（三）玉米、大豆同时收获

如果没有专用的收获机械，2∶3、2∶4、2∶6、2∶8、3∶4、3∶6、3∶8等玉米大豆间作种植模式，都可以使用玉米专用收获机和大豆专用收割机，分别同时收获玉米和大豆。

第四章　主要病虫害及综合防治

第一节　病虫害绿色防控

绿色防控是指以确保农业生产、农产品质量和农业生态环境安全为目标，以减少化学农药使用为目的，优先采取生态控制、生物防治、物理防治和科学用药等环境友好型技术措施，控制农作物病虫草害的行为。绿色防控可以减少经济损失（必要的产量和效益）、降低使用有毒农药的安全风险（操作者、消费者、水源）、降低破坏生态环境（保持生态平衡和多样性）等风险，追求经济、社会、生态综合效益的最大化，而不是单纯的追求经济效益。病虫害绿色防控技术首先必须遵循病虫害综合治理（IPM）基本原则，即以农业防治、物理防治、生物防治为主，化学防治为辅。坚持预防为主，综合防治，着力推广绿色防控技术，加强农业防治、生物防治、物理防治和化学防治的协调与配套，用低毒、低残留、高效化学农药有效控制病虫害，改善生态环境。目前，生产上应用最多的绿色防控主推技术（抗、避、断、治）主要有免疫诱抗（抗病、抗逆、促进增产、改善品质），理化诱控（色诱、光诱、性诱、食诱），驱避技术（防虫网、银灰膜、植物带），生物防治（保护利用天敌、生物农药），生态控制（源头治理），生态工程（田间生境调控，有利于天敌，不利于病虫），科学用药（高效、精准、隐蔽、导向）。

一、农业防治

农业防治又称环境管理，为了防治农作物病、虫、草害所采取的农业技术综合措施、调整和改善作物的生长环境，以增强作物对病、虫、草害的抵抗力，创造不利于病原物、害虫和杂草生长发育或传播的条件，以控制、避免或减轻病、虫、草的为害。其防治措施大都是农田管理的基本措施，可与常规栽培管理结合进行。

（一）合理轮作换茬

间作大豆一定要实行轮作换茬，避免连作。首先，建立合理种植制度，合理茬口布局。其次，采用豆科与禾本科作物 3 年以上的轮作，做到不重茬、不迎茬，深翻土地。最后，间作大豆茬口不宜选豆科作物做前茬，最好是选择 3 年内没有种植豆类的地块，可减轻病虫为害，如土传病害（根腐病）和以病残体越冬为主的病害（灰斑病、褐纹病、轮纹病、细菌性斑点病等），还有土壤中越冬的害虫如豆潜根蝇、二条叶甲、蓟马等。

合理轮作倒茬对玉米、大豆生长有利，能增强抗虫能力，同时对于食性单一和活动能力不强的害虫，具有抑制其发生的作用，甚至达到直接消灭的目的。多食性害虫，也由于轮作地区的小气候，耕作方式的改变和前、后作种类的差异而受到一定的抑制，从而减轻其发生程度。合理的轮作也可在一定程度上减少杂草对大豆的危害。玉米大豆间作种植时，要注意红蜘蛛的为害。

（二）选用抗病虫品种

生产上要选用抗病虫玉米、大豆品种和优良健康无病的种子，能减轻或避免农药对作物产品和环境的污染，有利于保持生态平衡等。

1. 抗病性

在作物的抗病性中，根据病原物与寄主植物的相互关系和反抗程度的差异通常分为避病性、抗病性和耐病性。

（1）避病性

一些寄主植物可能是生育期与病原物的侵染期不相遇，或者是缺乏足够数量的病原物接种体，在田间生长时不受侵染，从而避开了病害。这些寄主植物在人为接种时可能是感病的。有人称避病性是植物的抗接触特性。

（2）抗病性

寄主植物对病原生物具有组织结构或生化抗性的性能，以阻止病原生物的侵染。不同的品种可能有不同的抗病机制，抗性水平也可能不同。按照一个品种能抵抗病原物的个别菌株（或小种）或多个菌株（小种）甚至所有小种的差异，有人就采用（小种）专化抗性和非（小种）专化抗性的名称（在流行学上，则称为垂直抗性与水平抗性）。

（3）耐病性

耐病性体现在植物对病害的高忍耐程度。一些寄主植物在受到病原物侵染以后，有的并不显示明显的病变，有的虽然表现出明显的病害症状，但仍然可以获得较高的产量，也称抗损害性或耐害性。

2. 抗虫性

作物的不同品种对于害虫的受害程度也不同，表现出不同品种作物的抗虫性。利用抗虫品种防治害虫，是最经济而具实效的方法。作物不同品种的抗虫性表现如下。

（1）不选择性

对害虫的取食、产卵和隐蔽等，没有吸引的能力。

（2）抗生性

昆虫取食后，其繁殖力受到抵制，体形变小，体重减轻，寿命缩短，发育不良和死亡率增加等。

（3）耐害性

害虫取食后能正常地生存和繁殖，植物本身具有很强的增殖和补偿能力，最终受害很轻。

3. 精选良种

玉米大豆间作高效种植时，一定要结合黄淮海地区的自然条件及病虫害种类，选用抗病虫、抗逆性强、适应性广、商品性好、产量高的品种，可提高植株的抗性，减轻病虫为害。选择无病地块或无病株及虫粒率低的留种，并加强检验检疫。要求种子纯度 98% 以上、发芽率 97% 以上、含水量 14% 以下的二级以上良种。

在种子播种前，及时清除混杂的杂草种子和带病虫种子，选用饱满、均匀、无病虫的优良种子下种，既可保证全苗、壮苗，提前发芽，生长整齐，发育迅速，还可减轻后期病虫的为害和减少病虫中间寄主杂草。

（三）合理施肥

合理施肥是大豆、玉米获得高产的有力措施，同时对病虫害综合防治有一定的作用。合理施肥是一项简便经济的防治措施，能改善大豆、玉米的营养条件，提高抗病虫能力；增加作物总体积，减轻损失的程度，促进作物正常生长发育，加速外伤的愈合；改良土壤性状，恶化土壤中有害生物的生活条件；直接杀死害虫等。

生产中一些病虫害发生的轻重与作物营养状况有很大的关系。例如，长势茂盛、叶色偏绿的作物，叶片上的蚜虫更多；黏虫、棉铃虫喜欢在长势旺盛的植株上产卵；病害容易发生在生长速度快、氮素营养丰富的植物叶片上。为了追求产量，很多人往往简单的施用大量化肥，尤其是见效明显的氮肥，而过多施用氮素肥料，不但会造成经济上的浪费和土壤污染，同时会加剧部分病虫的为害，致使土壤盐渍化和生理性病害越来越严重，土壤性状不断恶化，有益微生物越来越少，适应能力更强的镰刀菌、轮枝菌等日益增多。合理施肥使作物生长健壮，能显著抵制病毒的干扰，在喷施抗病毒钝化剂时混配上营养性叶面肥或调节剂能大大提高药效，如在盐酸吗啉胍中加入玉米素类调节剂烯腺嘌呤和羟烯腺嘌呤，防治大豆花叶类病毒病时在钝化剂中混配上含有锌的叶面肥等。

（四）深耕翻土

深耕翻土和改良土壤，不但有利于作物生长、提高产量，同时还能消灭有害生物基数并减少杂草对农作物的为害。作物种植过程中，很多的病虫经过土壤传播，在浅层土壤里进行繁殖和生存，前茬作物收获后，及时对土壤进行深耕，促使害虫死亡，可以减少病虫害。如蝼蛄在土壤中取食、生长和繁殖，蛴螬、地老虎、金针虫的幼虫也都在土壤中生活为害。许多害虫都在土壤中越冬，对于这些害虫，改变土壤环境条件，都会影响其生长、发育与生存。另外，秸秆还田的作物残体会造成土壤疏松，病虫害增加，经过深耕之后有利于加速秸秆腐烂，还可以减少病虫的侵害，秸秆中的营养物质也会被土壤吸收。土壤深耕一般 2~3 年一次，也可以根据土壤情况和生产实际进行。

（五）加强田间管理

田间管理是各项增产措施的综合运用，在病虫草害防治上，是十分重要的。

1. 适期播种

适当调节作物的播期，适期适墒播种，使作物容易受害的生育期与病虫害严重为害的盛发期错开，减轻或避免受害，特别是春季播种时，一定要适当晚播。玉米大豆间作播种时，要注意播深，一般3~5cm，太深容易造成苗弱，同时增加根腐病的发病率。

2. 配方施肥

要根据土壤肥力情况，测土配方施肥，并且增施有机肥和磷钾肥，提高抗病虫能力。增施钾肥可以使作物的抗旱、抗冻、抗倒、抗病虫能力大大提高，果实品质高。施有机肥时一定要经过腐熟，滥用未腐熟粪肥，造成各种生理性和侵染性病害以及根蛆、蛴螬等为害加重。

3. 合理密植

合理密植，适当地增加单位面积株数，充分利用空间，扩大绿色面积，更好地利用光能、肥力和水分等，是达到高产稳产的一项重要农业增产措施。大豆、玉米间作，可以充分利用空间、光能和地力，又可改善玉米通风透光的条件，提高作物总产量，增加土地的利用率，实现高产高效的目的。保证合理的密度，使植株间通风透光，减少病虫害滋生。

合理的密植，由于单株营养面积适当，通风透光正常，生长发育良好、壮健，一般来说，可以大大提高作物的耐害性，能促进增产。但过度密植，提早封行，不通风透气，不利于开花结荚，病虫害也会严重发生，给药剂防治也带来困难，如果倒伏，困难更大。

4. 防旱排涝

玉米大豆间作种植，田间干旱时要适时灌溉，田间有积水时要及时排涝。灌溉与排涝可以迅速改变田间环境条件，恶化病虫害的生活环境，对于若干病虫害常可获得显著防治的作用。

5. 中耕培土

在作物生长期间进行适时的中耕，对于某些病虫害也可以起辅助的防治作用。例如掌握害虫产卵或化蛹盛期进行，可以消灭害虫产于土壤中的卵堆，或消灭地老虎和其他害虫的蛹。中耕可以改善土壤通透性，同时减少成虫出土量或机械杀死幼虫、蛹、成虫。同时可以防除田间杂草，结合中耕，可以追施肥料。

6. 及时除草

杂草也是病虫为害大豆、玉米的过渡桥梁，许多病虫在它生活中的某一时期，特别是作物在播种前和收获后是在杂草上生活的，以后才迁移到作物上为害，杂草便成为害虫良好的食料供应站。因此，播后苗前或苗期及时清除田间杂草及田埂和田间四周的杂草，可以避免杂草与作物争夺养分，改善通风透光性，减少害虫为害。

7. 清洁田园

保持田园卫生，破坏或恶化害虫化蛹场所，加速病原菌消亡，降低病虫源基数和越冬幼虫数。作物的残余物中，往往潜藏着很多菌源、虫源，在冬季常为某些有害生物的越冬场所，因此，经常地保持田园清洁，特别是作物收获以后及时地收拾田间的残枝落叶是十分必要的。

因此，农业防治措施与作物增产技术措施是一致的，它主要是通过改变生态条件达到控制病虫害的目的，花钱少、收效大、作用时间长、不伤害天敌，又能使农作物达到高产优质的目的。因此，农业防治是贯彻“预防为主”的经济、安全、有效的根本措施，它在整个病虫害防治中占有十分重要的地位，是病虫害综合防治的基础。

二、物理防治

物理防治是指通过物理方法进行病虫害的防治。主要是利用简单工具和各种物理因素，如光、热、电、温度、湿度和放射能、声波等防治病虫害。包括最原始、最简单的徒手捕杀或清除，以及近代物理最新成就的运用，可算作既古老又年轻的一类防治手段。物理防治的效果较好，推广使用物理措施时，要综合考虑各种因素，不同病虫害，要采取不同的技术。

1. 徒手法

人工捕杀和清除病株、病部及使用简单工具诱杀、设障碍防除，虽有费劳力、效率低、不易彻底等缺点，但尚无更好防治办法的情况下，仍不失为较好的急救措施。常用方法如下。

①作物田间发现病株时，特别是根腐病、枯萎病、病毒病等防治较为困难的

病害，田间发现病株及时拔除，并清出田园掩埋或者焚烧。

②当害虫个体易于发现、群体较小、劳动力允许时，进行人工捕杀效果较好，既可消灭虫害，又可减少用药。例如：人工采卵，即害虫在大豆叶子上产下卵后，收集卵粒并集中处理；蛾类大量群集时进行人工捕杀或驱赶；对有假死习性的害虫震落捕杀等。

③出现中心有蚜虫植株时，及时处理该植株及其周围，将虫害封锁、控制在萌芽状态，避免大范围扩散。

④当害虫群体数量较大，可采用吸虫机捕杀，在大豆植株冠顶用风力将昆虫吸入机内并粉碎，对于鳞翅目、鞘翅目等小型昆虫效果较好。

2. 诱杀法

诱集诱杀是利用害虫的某些趋性或其他生活习性（如越冬、产卵、潜藏），采取适当的方法诱集并集中处理，或结合杀虫剂诱杀害虫。常见的诱杀方法如下。

（1）灯光诱杀

对有趋光性的害虫可利用特殊诱虫灯管光源，如双波灯、频振灯、LED灯等，吸引毒蛾、夜蛾等多种昆虫，辅以特效黏虫纸、电击或水盆致其死亡。近年来黑光灯和高压电网灭虫器应用广泛，用仿声学原理和超声波防治虫等均有实践。

①太阳能频振式杀虫灯、黑光灯诱杀。于成虫盛发期每50亩设有1盏，主要针对夜间活动的有翅成虫，尤其对金龟子、夜蛾等有效，诱杀面积范围达4hm^2。

②智能灭虫器。核心部位是防水诱虫灯，主要是利用害虫的趋光性和对光强度变化的敏感性，晚间诱虫灯能在短时间内将20～30亩大田的雌性和雄性成虫诱惑群聚，使其在飞向光源特定的纳米光波共振圈后会立刻产生眩晕，随后晕厥落入集虫槽内淹死。

（2）食饵诱杀

常用糖醋液诱集，白糖、醋、酒精和水按照一定比例（3∶4∶1∶2）配制糖醋液，加少量农药，将配制好的糖醋液盛入瓶或盆中，占容器体积的一半，在大豆田中每间隔一段距离放置一个，可有效诱杀地老虎、豆卜馍夜蛾等害虫。

（3）潜所诱杀

利用某些害虫对栖息潜藏和越冬场所的要求特点，人为造成害虫喜好的适宜场所，引诱害虫加以消灭。例如在大豆播种前，在大豆田周围保留一些害虫栖息的杂草，待害虫产卵或化蛹后，将大豆田周围的杂草割掉，将其虫卵或者蛹处理，破坏其正常繁殖。或在田间栽插杨柳枝，诱集成虫后人工灭杀。

（4）作物诱集

在田间种植害虫喜食的植物诱集害虫。例如，大豆、玉米田边人工种植紫花苜蓿带，可以为作物田提供一定数量的天敌。在大片大豆田中提早种植几小块大豆，加强肥水管理，诱集豆荚螟在其集中产卵，然后对其采取适当有效的防治措施，可减轻大面积受害程度。

（5）色板诱杀

色板诱杀不仅能有效降低当代虫口数量及其对作物的为害程度，还能控制下一代的害虫种群，还可监测田间虫情动态。利用色板可诱集到多种节肢动物，浅绿色板和黄色板诱集种类数和个体数最多，对蚜虫、蓟马等昆虫均有较强的诱集力，而且不污染环境，非目标生物无害或为害很少。

3. 阻隔法

根据害虫的活动习性，设置适当的障碍物，阻止害虫扩散或入侵为害。近年来，广泛利用防虫网作为屏障，将害虫阻止在网外，改变害虫行为。用防虫网、遮阳网、塑料薄膜防止成虫侵入，对毒蛾、夜蛾、蚜虫、斑潜蝇的防治效果比较理想，有条件的地区可推广应用；缺点是一次性投入大，且不能控制病害的发生，另外防虫网内高温高湿，更要注意病害的蔓延，配合药剂加强田间管理。也可在田垄里撒上草木灰，阻止�类、红蜘蛛等与幼苗直接接触，同时阻断病毒病传染源——蚜虫，对病毒病有明显的预防效果。

4. 温湿度应用

不同种类有害生物的生长发育均有各自适应的温湿度范围，利用自然或人为地控制调节的温湿度，不利于有害生物的生长、发育和繁殖，直至死亡，达到防治目的。对于大多数害虫，最适宜生长和繁殖温度为25~33℃。降水较多时，土壤湿度较高，土壤饱和水分达到50%以上时，越冬幼虫多不能结茧而死亡。例如，大豆根潜蝇1年发生1代，以蛹在被害根茬上或被害根部附近土内越冬。5

月下旬至6月上旬，气温高，雨水偏多，土壤湿度大，适宜发生为害。在播种前，通过浸种、消毒土壤等措施预防害虫发生。

5. 原子能治虫

应用放射能防治害虫可以直接杀死害虫，也可以损伤昆虫生殖腺体，造成雄虫不育，再将不育雄虫释放到田里，使其与雌虫交配，造成大量不能孵化卵，达到消灭害虫的目的。如在大豆田里，蛴螬生活较为隐蔽，常咬食作物幼根及茎的地下部分，造成植株断根、断茎，枯萎死亡，农田缺苗、断垄严重，利用放射性同位素标记法，可以有效提高防治效果。

6. 激光杀虫

由于不同种类昆虫对不同激光有不同的敏感性，利用高能激光器进行核辐射处理，可以破坏害虫的某一个或某几个发育时期，杀伤害虫，造成遗传缺陷。激光器的能级如果低于害虫的致死剂量，可与其他方法配合使用。在害虫防治工作中，低功率的激光器可以发挥更大的作用。如果采用大直径光束的轻便激光器照射面积较大的大豆田，可以便利地杀死所有的害虫，合理控制激光束强度才能不将有益的昆虫杀灭，影响农作物的生长。激光杀虫是一种新型的杀虫方式，并且无污染，对周围环境影响小，也不会如同化学农药，使害虫产生抗药性，相对于生物治虫的范围更加广阔，能取得较为理想的杀虫效果。

三、生物防治

生物防治，广义上是指利用自然界中各种有益的生物自身或其代谢产物对虫害进行有效控制的防治技术。狭义的生物防治定义则是指利用有益的活体生物本身（如捕食或寄生性昆虫、蛾类、线虫、微生物等）来防治病虫害的方法。生物防治是病虫害综合防治中的重要方法，在病虫害防治策略中具有非常重要的地位，我国古代有养鸭治虫、用虫蚁治虫的记载。生物防治是一种持久效应，通过生物间的相互作用来控制病虫为害，其显效不可能像化学农药那么快速、有效，但防效持久稳定，不会对人畜、植物造成伤害，不会对自然环境产生污染，不会产生抗性，而且还可以很好地保护天敌，对虫害进行长期稳定的防治。因此，科学合理地选择生物防治技术，不仅能够有效避免化学农药带来的环境污染，同时可提高对病虫害的防治效果。

（一）天敌防治技术

通过引入害虫的天敌来进行防治。每种害虫都有一种或几种天敌，能有效地抑制害虫的大量繁殖。保护和利用瓢虫、草蛉等天敌，可以杀灭蚜虫等害虫。对天敌的引入数量和时间要进行科学合理的控制，否则会起到相反的作用。在使用生物防治手段过程中，还要从经济的角度进行考虑，对于引入数量、防治成本、经济收益之间要进行综合的分析，尽可能降低防治成本，实现最大的经济效益和生态效益。用于天敌防治的生物可分为两类。

1. 捕食性天敌

主要有食虫脊椎动物和捕食性节肢动物两大类。鸟类有山雀、灰喜鹊、啄木鸟等，节肢动物中捕食性天敌有瓢虫、螳螂、草蛉、蚂蚁等昆虫，此外还有蜘蛛、捕食螨类、蟾蜍、食蚊鱼、叉尾鱼等其他种类。

2. 寄生性天敌

主要有寄生蜂和寄生蝇，最常见的有赤眼蜂、寄生蝇防治玉米螟等多种害虫，肿腿蜂防治天牛，花角蚜小蜂防治松突圆蚧。

（二）微生物防治技术

微生物防治技术包括细菌防治、真菌防治和病毒防治技术。

1. 细菌防治技术

细菌是随着害虫取食叶片而逐渐进入害虫体内，在害虫体内大量繁殖，形成芽孢产生蛋白质霉素，从而对害虫的肠道进行破坏让其停止取食；此外，害虫体内的细菌还会引发败血症，让害虫较快死亡。现在生产上应用的细菌杀虫剂一般包含青虫菌、杀螟杆菌、苏云金杆菌等，能有效防治蛾类害虫等，且这些细菌杀虫剂在使用过程中也不会对人畜安全造成伤害。

2. 真菌防治技术

在导致昆虫疾病的所有微生物中，真菌约占 50%，因此，在作物虫害防治工作中真菌防治技术具有非常重要的作用，在防治线虫、多种病害方面大量应用。现阶段，我国使用最多的是球孢白僵菌、金龟子绿僵菌、耳霉菌、微孢子虫防治多种害虫，利用厚孢轮枝菌、淡紫拟青霉防治多种线虫，以及利用木霉菌、腐霉菌防治多种病害。其培养成本相对较低，且培养过程中不需要非常复杂的设备仪器，具有大规模推广的可行性。真菌大规模流行需要高湿度的环境条件，一般相对湿度要保持在90%左右，外界温度在18~25℃时防治效果最佳。

3. 病毒防治技术

病毒会引发昆虫之间的流行病，从而发挥出防治害虫的效果。病毒防治技术一般选择多角体病毒、颗粒体病毒、细小病毒等，而最常见的是核型多角体病毒，它能够有效防治蛾类、螟类害虫。部分病毒的致病能力极强，可使害虫大规模死亡，即便是有染病不死的幼虫，当其化蛹之后也难以存活，同时一些能够生长为成虫的害虫体内也会带有病毒，在其产卵过程中会将病毒遗留给下一代。

此外，微生物除草剂一般由杂草病原菌繁殖体和相关辅剂构成，利用植物病原菌致目标杂草染病死亡。最常见的是利用植物病原真菌产生的孢子（也可用菌丝体片段来代替孢子）制作除草剂，如美国生产的 Devine 制剂就是用疫霉菌的厚垣孢子制成，能有效防除莫伦藤等杂草植物，也有将长孢状刺盘孢的孢子加工成微生物除草剂来防治皂角。另外，有许多细菌也被开发为除草剂，日本烟草公司就将杀禾黄杆菌制作成细菌除草剂 Camperico，对早熟禾防治率可达到90%以上。

（三）性信息素诱杀性诱剂技术

主要包括性诱剂和诱捕器，对斜纹夜蛾、棉铃虫、二点委夜蛾等多种害虫诱杀效果较好。作为一种无毒无害、灵敏度高的生物防治技术，性信息素诱杀性诱剂技术具有不杀伤天敌、对环境无污染、群集诱捕、无公害的特点，目前发展到昆虫发生动态监测方面也可以使用性信息素性诱剂技术。在一定区域内，通过设置性诱剂诱芯诱捕器，在诱捕灭杀目标雄性昆虫的同时，干扰其正常繁殖活动，降低雌虫的有效落卵量，减少子代幼虫发生量。该技术对环境无任何污染、对人体无伤害，能减少农药使用量。近年来，化学信息素正与天敌昆虫、微生物制剂和植物源杀虫剂一起逐步成为害虫综合防治的基本技术之一。

（四）生物药剂防治技术

广义生物农药是指利用生物产生的天然活性物质或生物活体本身制作的农药，有时也将天然活性物质的化学衍生物等称作生物农药。长期使用化学农药会导致环境污染，生物农药对环境友好而得到快速发展，并成为未来农药发展的一个重要方向。生物药剂主要是三大类。

1. 植物源农药

在自然环境中易降解、无公害，已成为绿色生物农药首选之一，主要包括植物源杀虫剂、植物源杀菌剂、植物源除草剂及植物光活化毒素等。自然界已发现的具有农药活性的植物源杀虫剂有博落回杀虫杀菌系列、除虫菊素、烟碱和鱼藤酮等。植物源农药中的活性成分主要包括生物碱类、萜类、黄酮类、精油类等，大多属于植物的次生代谢产物，这类次生代谢物质中有许多对昆虫表现出毒杀、行为干扰和生物发育调节作用，因而被广泛用于害虫的防治。例如，黎芦碱对叶蝉有致死作用，鱼藤酮可使害虫细胞的呼吸电子传递链受到抑制，最终可导致其死亡。

2. 动物源农药

主要包括动物毒素、昆虫激素、昆虫信息素等，利用动物体的代谢物或其体内所含有的具有特殊功能的生物活性物质。目前动物源农药数量不如植物源农药多，有的处于研究阶段，例如斑蝥产生的斑蝥素、沙蚕产生的沙蚕毒素，具有毒杀有害生物的活性。昆虫分泌产生的微量化学物质，如蜕皮激素和保幼激素，可以调节昆虫的各种生理过程，杀死害虫或使其丧失生殖能力、为害功能等。昆虫外激素，即昆虫产生的作为种内或种间传输信息的微量活性物质，具有引诱、刺激、防御的功能。

3. 微生物源农药

由细菌、真菌、放线菌、病毒等微生物及其代谢产物加工制成的农药。包括农用抗生素和活体微生物农药两大类。

农用抗生素是由抗生菌发酵产生的具有农药功能的次生代谢物质，能产生农用抗生素的微生物种类很多，其中以放线菌产生的农用抗生素最为常见，如链霉素、井冈霉素、土霉素等，都是由从链霉菌属中分离得到的放线菌产生的。当前，农用抗生素不仅用作杀菌剂，也用作杀虫剂、除草剂和植物生长调节剂等。例如，用于细菌病害防治的杀菌类抗生素有农用链霉素、中生菌素、水合霉素和灭孢素等；用于真菌病害的抗生素种类更多，主要有春雷霉素、井冈霉素、多抗霉素、灭瘟素 S、有效霉素和放线菌酮等；用于杀虫、杀螨的抗生素则有阿维菌素、多杀菌素、杀蚜素、虫螨霉素、浏阳霉素、华光霉素、橘霉素（梅岭霉素）等；还有用于植物病毒防治的三原霉素和天柱菌素，用于除草的双丙氨膦，用作植物生长调节剂的赤霉素、比洛尼素等。

（五）昆虫不育防治技术（SIT 技术）

是搜集或培养大量有害昆虫，用 γ 射线或化学不育剂使它们成为不育个体，再释放出去与野生害虫交配，使其后代失去繁殖能力。遗传防治是通过改变有害昆虫的基因成分，使它们后代的活力降低，生殖力减弱或出现遗传不育。此外，利用一些生物激素或其他代谢产物，使某些有害昆虫失去繁殖能力，也是生物防治的有效措施。利用生物防治病虫害，不污染环境，不影响人类健康，具有广阔的发展前景。

四、化学防治

化学防治是使用各种有毒化学药剂来防治病、虫、草等有害生物的为害，利用农药的生物活性，将有害生物种群或群体密度压低到经济损失允许水平以下。根据使用对象可分为杀虫剂、杀菌剂、杀螨剂、除草剂等，一般采用浸种、拌种、毒饵、喷粉、喷雾和熏蒸等方法。化学防治农药的生物活性表现在 4 个方面。

（一）对有害生物的杀伤作用，是化学防治速效性的物质基础

杀虫剂中的神经毒剂，在接触虫体后可使之迅速中毒致死；用杀菌剂进行种苗和土壤消毒，可使病原菌被杀灭或被抑制；喷洒触杀性除草剂可很快使杂草枯死等。

（二）对有害生物生长发育的抑制或调节作用

能干扰或阻断生命活动中某一生理过程，使之丧失为害或繁殖的能力。如灭幼脲类杀虫剂能抑制害虫表皮层的内层几丁质骨化过程，使之死于脱皮障碍。化学不育剂作用于生殖系统，可使害虫丧失繁殖能力；早熟素能阻止保幼激素的合成、释放或起破坏作用，使幼虫提前进入成虫期，雌虫丧失生殖能力；波尔多液能抑制多种病原菌孢子萌发；多菌灵能抑制多种病原菌分生孢子和菌核的形成和

散发，2，4-滴类除草剂可抑制多种双子叶植物的光合作用，使植株畸形、叶片萎缩，因而致死等。

（三）对有害生物行为的调节作用

能调节有害生物的觅食、交配、产卵、集结、扩散等行为，导致种群逐渐衰竭。如拒食剂使害虫停止取食，驱避剂迫使害虫远离作物，报警激素使蚜虫分散逃逸，食物诱致剂与毒杀性农药混用可引诱害虫取食而中毒死亡。

（四）增强作物抵抗有害生物的能力

包括改变作物的组织结构或生长情况，以及影响作物代谢过程。如利用化学药剂诱发作物产生或释放某种物质，可增强自身抵抗力或进行自卫等。

在使用农药时，需根据药剂、作物与有害生物特点选择施药方法，充分发挥药效，避免药害，尽量减少对环境的不良影响。主要施药方法有以下几种。

1. 喷雾法

利用喷雾器械将药液雾化后均匀喷在植物和有害生物表面，按用液量不同又分为常量喷雾（雾点直径100～200μm）、低容量喷雾（雾滴直径50～100μm）和超低容量喷雾（雾滴直径15～75μm）。农田多用常量和低容量喷雾，两者所用农药剂型均为乳油、可湿性粉剂、可溶性粉剂、水剂和悬浮剂（胶悬剂）等，兑水配成规定浓度的药液喷雾。常量喷雾所用药液浓度较低，用液量较多；低容量喷雾所用药液浓度较高，用量较少（为常量喷雾的1/20～1/10），工作效率高，但雾滴易受风力吹送飘移。

2. 喷粉法

利用喷粉器械喷撒粉剂，工作效率高，不受水源限制，适用于大面积防治。缺点是耗药量大，易受风的影响，散布不易均匀，粉剂在茎叶上黏着性差。

3. 种子处理

常用的有拌种法、浸种法、闷种法和应用种衣剂包衣。种子处理可以防治种传病害，并保护种苗免受土壤中有害生物侵害，用内吸剂处理种子还可防治地上部病害和害虫。拌种剂（粉剂）和可湿性粉剂用干拌法拌种，乳剂和水剂等液体药剂可用湿拌法，即加水稀释后，喷洒在干种子上，搅拌均匀。浸种法是用药液浸泡种子。闷种法是用少量药液喷拌种子后堆闷一段时间再播种。利用种衣剂进行种子包衣，药剂可缓慢释放，有效期延长。

4. 土壤处理

播种前将药剂施于土壤中，主要防治植物根部病虫害，土表处理是用喷雾、喷粉、撒毒土等方法将药剂全面施于土壤表面，再翻耙到土壤中；深层施药是施药后再深翻或用器械直接将药剂施于较深土层。噻唑膦、阿维菌素、棉隆等杀线虫剂均用穴施或沟施法进行土壤处理。生长期也用撒施法、喷浇法施药，撒施法是将杀菌剂的颗粒剂或毒土直接撒施在植株根部周围。毒土是将乳剂、可湿性粉剂、水剂或粉剂与具有一定湿度的细土按一定比例混匀制成的。撒施法施药后应灌水，以便药剂渗滤到土壤中。喷浇法是将药剂加水稀释后喷浇于植株基部。

5. 熏蒸法

主要是土壤熏蒸，即用土壤注射器或土壤消毒机将液态熏蒸剂注入土壤内，在土壤中成气体扩散。土壤熏蒸后要按规定等待一段较长时间，待药剂充分散发后才能播种，否则易产生药害。

6. 烟雾法

利用烟剂或雾剂防治病害的方法。烟剂系农药的固体微粒（直径 0.001～0.1μm）分散在空气中起作用，雾剂系农药的小液滴分散在空气中起作用。施药时用物理加热法或化学加热法引燃烟雾剂。烟雾法施药扩散能力强，只在密闭的温室、塑料大棚和隐蔽的森林中应用。

化学防治具有快速高效，使用方法简单，急救性强，且不受地域性和季节性限制，便于大面积机械化作业等优点，在病虫害综合防治中占有重要地位。当前化学防治是防治植物病虫害的关键措施，在病虫害大发生时，是快速有效的措施。但是操作不当容易引起人畜中毒、污染环境、杀伤天敌、引起次要害虫再猖獗，并且长期使用同一种农药，可使某些有害生物产生不同程度的抗药性等。但可以用选择性强、高效、低毒、低残留的农药，以及通过改变施药方式、减少用药次数等措施逐步加以解决，同时还要与其他防治方法相结合，扬长避短，充分发挥化学防治的优越性，减少其毒副作用。因此，今后相当长的一段时间内，化学防治仍然占重要地位。

第二节　大豆主要虫害及防治

大豆田间害虫主要有地下害虫、点蜂缘蝽、甜菜夜蛾、斜纹夜蛾、卷叶螟、豆荚螟、棉铃虫、食心虫、造桥虫、蚜虫、斑潜蝇、红蜘蛛等。

一、大豆主要虫害识别

（一）地下害虫

为害大豆的地下害虫种类很多，主要有蛴螬、蝼蛄、金针虫、地老虎等十余类，发生的种类因地而异，在我国发生较为普遍且为害严重的主要是蛴螬和地老虎，其中，在黄淮海夏大豆生产区以蛴螬发生和为害较为严重。

1. 蛴螬

（1）为害症状

蛴螬是金龟甲的幼虫，别名白土蚕、核桃虫。该虫喜食萌发的种子，幼苗的根、茎；苗期咬断幼苗的根、茎，断口整齐平截，地上部幼苗枯死，造成田间大量缺苗断垄或幼苗生长不良，使杂草大量出生，过多的消耗土壤养分，增加了化除成本或为下年种植作物留下隐患；成株期主要取食大豆的须根和主根，虫量多时，可将须根和主根外皮吃光、咬断。蛴螬地下部食物不足时，夜间出土活动，为害近地面茎秆表皮，造成地上部植株黄瘦，生长停滞，瘪荚瘪粒，减产或绝收。后期受害造成千粒重降低，不仅影响其产量，而且降低商品性。蛴螬成虫喜食叶片、嫩芽，造成叶片残缺不全，加重为害。

（2）发生规律

蛴螬属鞘翅目（Coleoptera）金龟甲总科（Scarabaeoidea），是世界上公认的重要地下害虫，可为害多种植物，是近几年为害最重、给农业生产造成巨大损失的一大类群。蛴螬在我国分布很广，各地均有发生，但以我国北方发生较普遍。据资料记载，我国蛴螬的种类有1 000多种，其中为害大豆的种类主要有华北大黑鳃金龟（*Holotrichia oblita*）、暗黑鳃金龟（*Holotrichia parallela*）、铜绿丽金龟

(*Anomala corpulenta*)。其中，发生在黄淮海夏大豆区为害最严重的是暗黑鳃金龟。蛴螬是一类生活史较长的昆虫，每年发生代数因种、因地而异。一般一年1代，或2~3年1代，如大黑鳃金龟2年1代，暗黑鳃金龟、铜绿丽金龟一年1代。蛴螬共3龄，1龄、2龄期较短，第3龄期最长。以成虫和幼虫越冬，成虫在土下30~50cm处越冬，羽化的成虫当年不出土，一直在化蛹土室内匿伏越冬；幼虫一般在地下55~145cm处越冬，越冬幼虫在第二年5月上旬，开始为害幼苗地下部分。成虫交配后10~15d产卵，产在松软湿润的土壤内，以水浇地最多，每头雌虫可产卵100粒左右。蛴螬有假死和负趋光性，并对未腐熟的粪肥有趋性。白天藏在土中，晚上20：00—21：00进行取食等活动。当10cm土温达5℃时，开始上行到土表；13~18℃活动最盛，高于23℃时，则向深土层转移；当秋季土温下降到其活动适温时，再移向土壤上层。因此，蛴螬发生最重的季节主要是春季和秋季。蛴螬的发生规律与土壤湿度密切相关，连续阴雨天气、土壤湿度大，蛴螬发生严重；有时虽然温度适宜，但土壤干燥，则死亡率高。低温、降雨天气，很少活动；闷热、无雨天气，夜间活动最盛。连作地块，发生较重；轮作田块，发生较轻。蛴螬在土壤中的活动与土壤温度关系密切，特别是影响蛴螬在土壤内的垂直活动。

2. 地老虎

地老虎又名切根虫、夜盗虫，俗称地蚕，属于鳞翅目、夜蛾科。地老虎种类也很多，农田主要种类有小地老虎、黄地老虎、大地老虎、白边地老虎等10余种。其中，小地老虎在全国各地都有分布，南方以丘陵旱作地发生较重；北方则以沿河湖岸、低洼内涝地以及水浇地发生较重。

（1）为害症状

小地老虎（*Agrotis ypsilon*）又称地蚕、土蚕、切根虫，是地老虎中分布最广、为害最严重的种类，其食性杂，可取食棉花、瓜类、豆类、禾谷类、麻类、甜菜、烟草等多种作物。该虫是多食性害虫，寄主多，分布广，地老虎幼虫可将幼苗近地面的茎部咬断，使整株死亡。1~2龄幼虫，昼夜均可群集于幼苗顶心嫩叶处，啃食幼苗叶片呈网孔状，取食为害；3龄后分散，幼虫行动敏捷，有假死习性，对光线极为敏感，受到惊扰即卷缩成团，白天潜伏于表土的干湿层之间，夜晚出土从地面将幼苗植株咬断拖入土穴，或咬食未出土的种子，幼苗主茎硬化后，改食嫩叶和叶片及生长点；4 龄后幼虫剪苗率高，取食量大；老熟幼虫常在春季钻出地表，在表土层或地表为害，咬断幼苗的茎基部，常造成大豆缺苗断垄和大量幼苗死亡，严重影响产量。食物不足或寻找越冬场所时，有迁移现象。

（2）发生规律

小地老虎属鳞翅目（Lepidotera）夜蛾科（Noctuidae）。在我国由北向南一般一年发生 1~7 代，在黑龙江一年发生 1~2 代，在北京一年发生 4 代，在我国南方各省一般一年发生 6~7 代。小地老虎在我国南方各省区的大部分地区，一般以幼虫和蛹在土中越冬，在 1 月平均温度高于 8℃的冬暖地区，冬季能继续生长、繁殖与为害，在北方基本不能越冬。成虫飞翔能力很强，具有远距离迁飞能力，累计飞行可达 34~65h，飞行总距离达 1 500~2 500km。与黏虫等迁飞害虫一样，随季风南北往返迁移为害，春季越冬代蛾由越冬区逐步由南向北迁出，形成复瓦式交替北迁的现象；秋季再由北回迁到越冬区过冬（越冬北界为北纬 33°左右），构成一年内小地老虎季节性迁飞模式内的大区环流。另外，它还有垂直迁飞的现象。成虫体长 16~23mm，翅展 42~54mm，前翅黑褐色，具有显著的肾状斑、环形纹、棒状纹和 2 个黑色剑状纹；在肾状纹外侧有一明显的尖端向外的楔形黑斑；在亚缘线上侧有 2 个尖端向内的楔形黑斑，3 斑相对，易于识别；后翅灰色无斑纹；雌虫触角丝状，雄虫双栉状（端半部为丝状）；有昼伏夜出的习性，白天潜伏于土缝中、杂草间、屋檐下或其他隐蔽处，夜出活动、取食、交尾、产卵，以晚上 19：00—22：00 最盛；在春季傍晚气温达到 8℃时，即开始活动，温度越高，活动的数量与范围亦愈大，大风夜晚不活动，对糖、醋、蜜、酒等酸甜芳香气味物质表现强烈的正趋化性，对普通灯趋光性不强，但对黑光灯趋性强；成虫羽化后经 3~4d 交尾，在交尾后第 2d 产卵，卵散产于杂草中或土块中，每一雌蛾，通常能产卵 800~1 000粒。卵半球形，直径约 0. 61mm，表面有纵横交错的隆起线纹；初产时乳白色，孵化前为灰褐色。幼虫共 6 龄，老熟幼虫体长 41~50mm，体稍扁，暗褐色；体表粗糙，布满龟裂状的皱纹和黑色小颗粒，背面中央有 2 条淡褐色纵带；头部唇基形状为等边三角形；腹部 1~8 节背面有 4 个毛片，后方的 2 个较前方的 2 个要大 1 倍以上；腹部末节臀板有 2 条深褐色纵带；3 龄前幼虫在寄主心叶或附近土缝内，全天活动，但不易被发现；3 龄后幼虫扩散为害，白天在土下，夜间及阴雨天外出，把幼苗近地面处切断拖入土中；

3 龄后幼虫有假死性和自相残杀性，受惊吓即蜷缩成环，如遇食料不足，则迁移扩散为害，老熟虫大多数迁移到田埂、田边、杂草附近，钻入干燥松土中筑土室化蛹。蛹长 18～24mm，暗褐色，腹部第 4～7 节基部有圆形刻点，背面的大而色深；腹端具臀棘 1 对。根据生产观察，第 1 代幼虫数量最多，为害最大，是生产上防治的重点时期。

小地老虎成虫产卵和幼虫生活最适宜的温度为 14～26℃，相对湿度为 80%～90%，土壤含水量为 15%～20%。当气温在 27℃以上时，发生量即开始下降，在气温 30℃且湿度为 100%时，1～3 龄幼虫常大批死亡。如果当年 8—10 月降水量在 250mm 以上，翌年 3—4 月降水在 150mm 以下，会使小地老虎大发生；而秋季雨少、春季雨多，则不利于其发生。小地老虎喜欢温暖潮湿的环境条件，因此，凡是沿河、沿湖、水库边、灌溉地、地势低洼地及地下水位高、耕作粗放、杂草丛生的田块，虫口密度大。春季田间凡有蜜源植物的地区，发生亦重。凡是土质疏松、团粒结构好、保水性强的壤土、黏壤土、沙壤土，更适宜于发生，尤其是上年被水淹过的地方，发生量大，为害更严重。

3. 蟋蟀

（1）为害症状

蟋蟀又叫油葫芦、促织，俗称蛐蛐儿、土蛰子、地蹦子，是一大类杂食性害虫的通称。该虫食性杂，几乎所有农林植物都能取食，除大豆外，还为害玉米、花生、芝麻、甘薯、白菜、萝卜等作物，同时还为害牡丹、芍药等花卉、药用植物。以成虫、若虫在地下为害大豆的根部，在地面为害幼苗，会咬断近地面大豆的幼茎，切口整齐，致使幼苗死亡，造成严重缺苗断垄，甚至毁种；也能咬食寄主植物的嫩茎、叶片、花蕾、种子和果实，造成不同程度的损失。

（2）发生规律

蟋蟀是直翅目（Orthoptera）蟋蟀科（Gryllidae）的统称。蟋蟀在我国分布极广，几乎全国各省市都有，分布较多的省份有安徽、江苏、浙江、江西、福建、河北、山东、山西、陕西、广东、广西、贵州、云南、西藏、海南等。我国已知蟋蟀有近 200 种，为害大豆的主要蟋蟀种类是北京油葫芦（*Teleogryllus emma*）、大扁头蟋（*Loxoblemmus doenitzi*）。北京油葫芦、大扁头蟋在全国各地均有分布，尤其以华北地区发生最重，是造成为害的主要蟋蟀种类。北京油葫芦、大扁头蟋每年发生一代，主要以卵在土壤中越冬，卵单产，产在杂草多而向阳的田埂、坟地、草堆边缘的土中。在河北、山东、陕西等省，越冬卵于翌年4月底至5月初开始孵化，5月为若虫出土盛期，立秋后进入成虫盛期。蟋蟀穴居，常栖息于地表、砖石下、土穴中、草丛间，昼伏夜出，可整夜活动为害。雄虫筑土穴与雌虫同居，9—10月为产卵期，10月中、下旬以后，成虫陆续消亡。蟋蟀喜栖息于阴凉、土质疏松、较湿的环境中。虫口过于密集时，常会自相残杀。蟋蟀食量大，一头4龄若虫每小时可取食叶片0.8~2.1cm^2，一头成虫每小时可取食叶片2.5~4.4cm^2。为害时间长，从5月上旬到10月中旬，均有成虫、若虫为害。这类害虫多数一年发生1代，成虫和若虫均喜群栖，若虫共6龄，低龄若虫昼夜均能活动，4龄后昼伏夜出，夜间21：00—23：00时最活跃，雨后活动更甚、具趋光性和喜湿性，对香甜物质如炒香的豆饼、麦麸以及马粪等农家肥有强烈趋性。

4. 蝼蛄

（1）为害症状

蝼蛄又名拉拉蛄、土狗子等，我国常见一种杂食性害虫。蝼蛄主要为害小麦、玉米、豆类、谷子、棉花、烟草和蔬菜，尤其早春苗床、阳畦及地膜覆盖田发生早、为害重，因此必须重视播种期防治。该虫成虫、若虫均在土中活动，取食播下的种子、幼芽或将幼苗咬断致死，受害的根茎部呈乱麻状。由于蝼蛄的活动将表土层窜成许多隧道，使苗根脱离土壤，致使幼苗因失水而枯死，造成缺苗断垄。

（2）发生规律

蝼蛄属直翅目蝼蛄科，在山东省有华北蝼蛄（*Gryllotalpa unispina*）和东方蝼蛄（*G. orientalis*）。

华北蝼蛄3年发生一代，成虫体长36~50mm，雌性个体大，雄性个体小，黄褐色，腹部色较浅，全身被褐色细毛，头暗褐色，前胸背板中央有一暗红斑点；前足为开掘足，后足胫节背面内侧有0~2个刺，多为1个；以成虫和8龄以上的各龄若虫在1.5m以上的土中越冬，翌年3—4月若虫开始上升为害，地面可见长约10cm的虚土隧道，4—5月地面隧道大增即为害盛期；6月上旬当隧道上出现虫眼时已开始出窝迁移和交尾产卵，6月下旬至7月中旬为产卵盛期，8月为产卵末期。喜在土质疏松、缺苗断垄、干燥向阳的轻盐碱地里产卵，沙壤土地发生较多。初孵若虫最初较集中，后分散活动，至秋季达 8~9 龄时即入土越冬；第 2 年春季，越冬若虫上升为害，到秋季达 12~13 龄时，又入土越冬；第 3 年春里产卵羽化为成虫越冬。

东方蝼蛄 1~2 年发生 1 代，成虫体型较华北蝼蛄小，30~35mm，也是雌性个体大雄性个体小，灰褐色，全身生有细毛，头暗褐色；飞行能力很强；前足为开掘足，后足胫节背后内侧有 3~4 个刺；以老熟幼虫或者成虫在土中越冬，翌年 4 月越冬成虫为害至 5 月，在黄淮地区，越冬成虫 5 月开始产卵，盛期为 6—7 月，卵经 15~28d 孵化，当年孵化的若虫发育至 4~7 龄后，在 40~60cm 深土中越冬，翌年春季恢复活动，为害至 8 月开始羽化为成虫，若虫期长达 400 余天。当年羽化的成虫少数可产卵，大部分越冬后，至第三年才产卵。

蝼蛄当春天气温达 8℃时开始活动，秋季低于 8℃时则停止活动，春季随气温上升为害逐渐加重，地温升至 10~13℃时在地表下形成长条隧道为害幼苗；地温升至 20℃以上时则活动频繁、进入交尾产卵期；地温降至 25℃以下时成、若虫开始大量取食积累营养准备越冬，秋播作物受害严重。土壤中大量施用未腐熟的厩肥、堆肥，易导致蝼蛄发生，受害较重。当深 10~20cm 处土温在 16~20℃、含水量 22%~27%时，有利于蝼蛄活动；含水量小于 15%时，其活动减弱；所以春、秋有两个为害高峰，在雨后和灌溉后常使为害加重。

（二）点蜂缘蝽

1. 为害症状

点蜂缘蝽（*Riptortus pedestris*）又称白条蜂缘蝽、豆缘蝽象，是目前为害大豆最严重的一种害虫。在我国东北、华北、西北和南方均有分布，近年来，在黄淮海及南方大豆栽培地区发生为害较重。寄主于大豆、蚕豆、豇豆、豌豆、丝瓜、白菜等蔬菜及水稻、小麦、棉花等作物。成虫和若虫均可为害大豆，成虫为害最大，为害方式为刺吸大豆的嫩茎、嫩叶、花、荚的汁液。被害叶片初期出现点片不规则的黄点或黄斑，后期一些叶片因营养不良变成紫褐色，严重的叶片部分或整叶干枯，出现不同程度、不规则的孔洞，植株不能正常落叶。北方地区春、夏播大豆开花结实时，正值点蜂缘蝽第 1 代和第 2 代羽化为成虫的高峰期，往往群集为害，从而造成植株的蕾、花脱落，生育期延长，豆荚不实或形成瘪荚、瘪粒，严重时全株瘪荚，颗粒无收。研究表明点蜂缘蝽等刺吸害虫为害是导致大豆“荚而不实”型“症青”现象发生的主要原因之一。

2. 发生规律

点蜂缘蝽属半翅目（Hemiptera）缘蝽科（Coreidae），每年发生 2~3 代，成虫于 10 月中下旬至 11 月中下旬陆续越冬。以成虫在枯枝落叶、残留田间的秸秆和草丛中越冬，成虫体长 15~17mm，体形狭长，黄褐至黑褐色；头部在复眼前部分呈三角形，后部分细缩如颈；头、胸部两侧的黄色光滑斑纹成点斑状或消失；前胸背板及胸侧板具许多不规则的黑色颗粒，前胸背板前叶向前倾斜，前缘具领片，后缘有 2 个弯曲，侧角成刺状；小盾片三角形；前翅膜片淡棕褐色，稍长于腹末；腹部侧接缘稍外露，黄黑相间。翌年 4 月上旬开始活动，5 月中旬至 7 月上旬产卵于豆科作物上，多产于叶柄和叶背，少数产在叶面和嫩茎上，散生，偶聚产成行；卵橘黄色，半卵圆形，附着面弧状，上面平坦，中间有一条不太明显的横形带脊。若虫共 5 龄，1~4 龄体似蚂蚁，5 龄体似成虫仅翅较短；取食植株的茎叶和豆荚的汁液。6 月下旬第 1 代成虫开始出现，并在豆科作物上产卵为害，第 2 代成虫在 7 月下旬开始羽化，8 月下旬至 9 月上旬盛发，此时大量点蜂缘蝽在大豆田间为害，第 3 代 10 月上旬至 11 月中旬羽化为成虫，并陆续进入越冬状态。

点蜂缘蝽羽化后的成虫需取食大豆的花蕾和豆荚的汁液才能使卵正常发育及繁殖。成虫、若虫极活泼，善于飞翔，反应敏捷，早晚温度低时反应稍迟钝，阳光强烈时多栖息于寄主叶背。初孵若虫在卵壳上停息半天后，即开始取食。成虫交尾多在上午进行。

（三）甜菜夜蛾

1. 为害症状

甜菜夜蛾（*Spodoptera exigua*），又名白菜褐夜蛾，俗称青虫。是一种世界性顽固害虫，全国各地均有发生，除了为害大豆外，还为害甘蓝、花椰菜、大葱、萝卜、白菜、莴苣、番茄等 170 多种作物。大豆幼苗期至鼓粒期均有甜菜夜蛾的为害，以幼虫躲在植株心叶内取食为害，初孵幼虫食量小，在叶背群集吐丝结网，在其内取食叶肉，留下表皮成透明小孔，受害部位呈网状半透明的窗斑，干枯后纵裂。3 龄后幼虫，分散为害，食量大增，昼伏夜出，为害叶片成孔洞、缺刻，严重时，可吃光叶肉，仅留叶脉和叶柄，致使豆叶提前干枯、脱落，甚至剥食茎秆皮层。4 龄后幼虫，开始大量取食。开花期幼虫在为害叶片的同时，又取食花朵和幼荚，直接造成大豆减产，严重时减产 10%左右。

2. 发生规律

甜菜夜蛾属鳞翅目（Lepidotera）夜蛾科（Noctuidae）。北京、陕西每年发生 4~5 代，山东发生 5 代，湖北发生 5~6 代，江西发生 6~7 代，广东发生 10~11 代，世代重叠。主要以蛹在土中越冬，少数未老熟幼虫在杂草上及土缝中越冬，冬暖时仍见少量取食。在亚热带和热带地区可周年发生，无越冬休眠现象。属间歇性猖獗为害的害虫，不同年份发生情况差异较大，近几年甜菜夜蛾为害呈上升的趋势。卵圆球状，白色，成块产于叶面或叶背，8~100 粒不等，排为 1~3 层，外面覆有雌蛾脱落的白色绒毛，因此不能直接看到卵粒。末龄幼虫体长约 22mm，体色变化很大，由绿色、暗绿色、黄褐色、褐色至黑褐色，背线有或无，颜色亦各异。较明显的特征为腹部气门下线为明显的黄白色纵带，有时带粉红色，此带直达腹部末端，不弯到臀足上，是别于甘蓝夜蛾的重要特征，各节气门后上方具一明显白点。蛹长 10mm 左右，黄褐色，中胸气门外突。成虫体长 8~10mm，翅展 19~25mm，灰褐色，头、胸有黑点，前翅灰褐色，基线仅前段可见双黑纹；内横线双线黑色，波浪形外斜；剑纹为一黑条；环纹粉黄色，黑边；肾纹粉黄色，中央褐色，黑边；中横线黑色，波浪形；外横线双线黑色，锯齿形，前、后端的线间白色；亚缘线白色，锯齿形，两侧有黑点，缘线为一列黑点，各点内侧均衬白色；后翅白色，翅脉及缘线黑褐色。甜菜夜蛾是喜温而又耐高温害虫，高温干旱宜于甜菜夜蛾大发生。

成虫对黑光灯灯光的趋性较强，羽化后第 1 天即具备交尾能力。成虫寿命约 7~10d，白天躲在杂草及植物茎叶的浓荫处，夜间活动，无月光时最适宜成虫活动。成虫产卵一般在夜间进行，产于大豆叶片背面，卵排列成块，覆以灰白色鳞毛。成虫可成群迁飞，具有远距离迁飞的习性。幼虫稍受震扰吐丝落地，有假死性。3~4 龄后，白天潜于植株下部或土缝中，傍晚移出取食为害。高温、干旱年份更多，常和斜纹夜蛾混发，对大豆威胁甚大。山东夏大豆地区为害盛期集中在 7—9 月，时间长达 3 个月。

（四）斜纹夜蛾

1. 为害症状

斜纹夜蛾（*Spodoptera litura*），又名莲纹夜蛾，俗称乌头虫、夜盗虫、野老虎、露水虫等，为世界性害虫，分布极广，寄主极多，除豆科植物外，还可为害包括瓜、茄、葱、韭菜、菠菜以及粮食、经济作物等近100科、300多种植物，是一种杂食、暴食性害虫。以幼虫为害大豆叶部、花及豆荚，低龄幼虫啮食叶片下表皮及叶肉，仅留上表皮和叶脉，呈纱窗状透明斑；4龄以后进入暴食，咬食叶片，仅留主脉。虫口密度大时，常数日之内将大面积大豆叶片食尽，吃成光秆或仅剩叶脉，阻碍作物光合作用，造成植株早衰，籽粒空瘪，且能转移为害，影响大豆产量和品质。大发生时，会造成严重产量损失。幼虫多数为害叶片，少量幼虫会蛀入花中为害或取食豆荚。

2. 发生规律

斜纹夜蛾属鳞翅目（Lepidotera）夜蛾科（Noctuidae）。中国从北至南每年华北地区发生4~5代，长江流域发生5~6代，世代重叠现象严重。以蛹在土中蛹室内越冬，少数以老熟幼虫在土缝、枯叶、杂草中越冬。南方冬季无休眠现象。不耐低温，长江以北地区大都不能越冬。多发生在7—9月。各地发生期的迹象表明，此虫有长距离迁飞的可能。成虫具趋光和趋化性。成虫产卵多在植株生长高大茂密浓绿的边际作物上，植株中部着卵较多，且多产在叶片背面，顶部或基部相对较少，不易发现。卵半球形，直径约0.5mm；初产时黄白色，孵化前呈紫黑色，卵壳表面有纵横脊纹，数十至上百粒集成卵块，一般重叠排列2~3层，外覆黄白色绒毛。幼虫共6龄，有假死性，初孵幼虫灰黑色，群集在卵块附近取食，2龄后期分散为害，3龄前仅食叶肉，叶片被害处仅留上表皮及主脉，呈现灰白色筛孔状的斑块，枯死后呈黄色，4龄以后为暴食期。老熟幼虫体长38~51mm，夏秋虫口密度大时体瘦，黑褐或暗褐色；冬春数量少时体肥，淡黄绿或淡灰绿色。蛹长18~20mm，长卵形，红褐至黑褐色，腹末具发达的臀棘一对。成虫体长14~20mm，展翅33~42mm，头、胸、腹均深褐色，前翅灰褐色，内横线和外横线灰白色，呈波浪形，有白色条纹，环状纹不明显，肾状纹前部呈白色，后部呈黑色，环状纹和肾状纹之间有3条白线，组成明显的较宽的斜纹，自翅基部向外缘还有1条白纹。后翅白色，外缘暗褐色。成虫白天不活动，躲在植株茂密处落叶下或土块缝隙及杂草丛中，日落后开始取食飞翔，交尾产卵多在午夜至黎明。成虫对黑光灯趋性较强，从傍晚至黎明整夜都可以诱到成虫。天敌有小茧蜂、广大腿蜂、寄生蝇、步行虫，以及多角体病毒、鸟类等。

在黄河流域，8—9月是严重为害时期；在华中地区，7—8月发生量大，为害最重。斜纹夜蛾是一种喜温性害虫，其生长发育最适宜温度为28~30℃、相对湿度为75%~85%。38℃以上高温和冬季低温，对卵、幼虫和蛹的发育都不利。当土壤湿度过低、含水量在20%以下时，不利于幼虫化蛹和成虫羽化。1~2龄幼虫如遇暴风雨则大量死亡，蛹期大雨、田间积水也不利于羽化。田间水肥条件好、作物生长茂盛的田块，虫口密度往往较大。

（五）大豆蚜虫

1. 为害症状

大豆蚜虫（*Aphis glycines*）俗称腻虫、油旱，是大豆的最具破坏性的害虫之一，也是传播病毒病的介体。大豆蚜无论成蚜还是若蚜，都喜欢聚集在大豆的嫩枝叶部位为害；在大豆幼苗期，主要聚集在顶部叶片的背面为害，在始花期开始移动到中部的叶片和嫩茎上为害；到了盛花期大豆蚜通常聚集在顶叶或侧枝生长点、花和幼荚上；在大豆生长后期则一般会聚集在大豆的嫩茎、荚、叶柄和大的叶片的背面为害。大豆蚜发生比较严重的植株有以下的症状：植株弱小，叶片稀疏早衰，根系不发达，侧枝分化少，结荚率低，千粒重降低，更为严重的话可造成整株死亡。

蚜虫大量排泄的“蜜露”招引蚂蚁，还会引起霉菌侵染，诱发霉污病，使叶片被一层黑色霉覆盖，影响光合作用；使生长点枯萎，叶片畸形、卷曲、皱缩、枯黄，嫩荚变黄，致使生长代谢失调，植株生长不良或生长停滞，植株矮小，从而影响开花和结荚。轻者影响豆荚、籽粒的发育，致使产量和品质下降，严重时甚至植株枯萎死亡。

蚜虫以群居为主，在某一片或某几株植株上大量繁殖和为害。蚜虫为害具有毁灭性，发生严重时，可导致大豆绝收。蚜虫能够以半持久或持久方式传播许多病毒，是大豆最重要的传毒介体，造成更为严重的间接损失。

2. 发生规律

大豆蚜虫属半翅目（Hemiptera）蚜科（Aphididae）。一年发生 10~30 代，发生世代多，周期短，完成一代需要 4~17d。主要以无翅胎生雌蚜和若虫在背风向阳的地堰、沟边和路旁的杂草上过冬，少量以卵越冬，卵会在枝条缝隙中过冬，等到来年的 4 月，天气转暖后，开始孵化。

大豆的生长一般可分幼苗期，花芽分化期，开花期，结荚鼓粒期和成熟期。在幼苗期前期大豆蚜发生量一般很小，从幼苗期后期到始花期大豆蚜的种群数量迅速上升并持续 10~15d。大豆蚜为害最严重的时期是开花期，严重时每百株有蚜量可达到 2 万头，20%的植株矮化。在开花期和结荚鼓粒期大豆蚜发生严重的话会引起较大的产量损失。

大豆蚜在大豆植株上的分布随大豆植株的生长及田间气候条件的变化而呈现较明显的规律性变化。大豆蚜刚迁入大豆田时，主要集中于大豆植株幼嫩的心叶上取食为害，随着大豆植株的生长及环境温度的升高，大豆蚜在大豆植株上的分布表现为下移的趋势。7 月下旬至 8 月中旬，环境温度较高，降水量较大，大豆蚜则集中于较荫蔽的中下部叶片。8 月下旬以后，随着环境温度下降，雨量减少，大豆植株由下向上老化，大豆蚜也由下部向上转移。大豆蚜的种群是随着大豆的生长和大豆蚜对营养需求的变化而呈现出如此变化的。大豆蚜田间种群在整个发生过程中，呈聚集分布，但不同时期聚集程度不同，在发生为害的盛期则近乎随机分布。总的来说，在大豆生长前期大豆蚜的种群有从低侵染率到高侵染率的发展趋势，而在大豆生长后期大豆蚜的种群有从高侵染率到低侵染率的发展趋势。

大豆蚜有两个迁飞高峰和两个分散高峰。第 1 次迁飞高峰出现在大豆幼苗期，大豆蚜从它的越冬寄主上迁飞进入大豆田。这次迁飞蚜虫的量一般年份比发生严重的年份要低得多。第 1 次分散高峰在北方一般出现在 6 月底 7 月初，大豆蚜开始从点片分布发展为随机或均匀分布，此时百株有蚜率迅速上升，而单株有蚜量却明显下降，大豆蚜在这个时期的为害还并不严重。第 2 次分散高峰一般出现在 7 月中旬大豆开花期，如果在这个时期气候条件良好的话，可能会出现数次分散侵染，这个时期正是防治大豆蚜的关键时期。第 2 次迁飞高峰出现在 9 月中下旬，这时开始出现有翅雌蚜和有翅雄蚜，并向越冬寄主迁飞，在越冬寄主上交配并产下越冬卵。

蚜虫繁殖力很强，世代重叠现象突出。雌性蚜虫一生下来就能够生育，而且蚜虫不需要雄性就可以怀孕（即孤雌繁殖）。成虫、若虫有群集性，常群集为害。适宜蚜虫生长、发育和繁殖的温度为8~35℃，在此范围内，温度越高，蚜虫发育越快，世代历期越短，在12~18℃，若虫历期为10~14d；最适环境温度为22~26℃，相对湿度为60%~70%，此时，蚜虫繁殖力最强，每头蚜虫可产若蚜100余头，若虫历期仅4~6d即可完成一代。蚜虫对黄色有较强的趋性，对银灰色有忌避习性，且具较强的迁飞和扩散能力。温度高于25℃、相对湿度60%~80%时，发生严重。连续阴雨天气，相对湿度在85%以上的高温天气，不利于蚜虫的繁殖。

蚜虫发生规律与环境湿度和温度密切相关，中温、干燥环境有利于蚜虫的发生和传播。这是因为湿度低时，植物中的含水量相对较少，而营养物质相对较多，有利于其生长发育。但过于干旱，以至于植物过分缺水，就会增加汁液黏滞性，降低细胞膨压，造成蚜虫取食困难，影响其生长发育。相反，高温、高湿环境不利于蚜虫的发生和传播，如果夏季多雨，不仅对蚜虫有冲刷作用，湿润的天气还会使植物含水量过多，酸度增加，引起蚜虫消化不良，造成蚜虫大量死亡。春末夏初气候温暖，水量适中，利于蚜虫发生和繁殖。旱地、坡地等地块发生严重。

蚜虫与蚂蚁有着共生关系。蚜虫带吸嘴的小口针能刺穿植物的表皮层，吸取养分。每隔一两分钟，这些蚜虫会翘起腹部，开始分泌含有糖分的蜜露。工蚁赶来，用大颚把蜜露刮下，吞到嘴里。一只工蚁来回穿梭，靠近蚜虫，舔食蜜露。秋末冬初，蚜虫产下卵，蚂蚁会把蚜虫和卵搬到窝里过冬，有时怕受潮，影响蚜卵孵化，在天气晴朗的日子里，还要搬出窝来晒一晒；翌年春暖季节，蚂蚁就把新孵化的蚜虫搬到早发的树木和杂草上。蚜虫的天敌很多，如七星瓢虫、草蛉、螳螂、食蚜虻等。当这些天敌到来时，蚜虫腹部尾端会释放报警信息素，吸引蚂蚁前来把天敌驱走。

（六）红蜘蛛

1. 为害症状

大豆红蜘蛛主要包括朱砂叶螨（*Tetranychus cinnabarinus*）、豆叶螨（*Tetrany-*

chus phaselus）等种类。分布广泛，是生产中的主要害虫。成、若螨喜聚集在叶背吐丝结网，以口器刺入叶片内吮吸汁液，被害处叶绿素受到破坏，受害叶片表面出现大量黄白色斑点，随着虫量增多，逐步扩展，全叶呈现红色，为害逐渐加重，叶片上呈现出斑状花纹，叶片似火烧状。成螨在叶片背面吸食汁液，刚开始为害时，不易被察觉，一般先从下部叶片发生，迅速向上部叶片蔓延。轻者叶片变黄，为害严重时，叶片干枯脱落，影响植株的光合作用，植株变黄枯焦，甚至整个植株枯死，可导致严重的产量损失。

2. 发生规律

朱砂叶螨、豆叶螨均属真螨目（Acariformes）叶螨科（Tetranychidae）。一年发生10~20代，每年发生代数与当地的温度、湿度（包括降水）、食料等关系密切。以两性生殖为主，雌螨也能孤雌生殖，世代重叠严重。以授精的雌成螨或卵在杂草、植物枝干裂缝、落叶以及根际周围浅土层土缝等处越冬。一般在翌年3月上中旬，平均气温在7℃以上时，雌雄同时出蛰活动，并取食产卵。气温达到10℃以上，即开始大量繁殖。3—4月，先在杂草或其他寄主上取食，大豆出苗后，陆续向田间迁移，开始为害。每雌产卵50~110粒，多产于叶背。卵期2~13d。可孤雌生殖，其后代多为雄性。后若螨则活泼贪食，有向上爬的习性。先为害下部叶片，而后向上蔓延。朱砂叶螨完成一个世代平均需要10~15d，最快5d就可繁殖一代；豆叶螨全年世代平均天数为41d，发育适温17~18℃，卵期5~10d，从幼螨发育到成螨5~10d。两种叶螨其活动温度范围为7~42℃，最适温度为25~30℃，最适相对湿度为35%~55%，在高温干旱的气候条件下，繁殖迅速，为害严重。因此，高温低湿的6—8月为害重，尤其是干旱年份，易于大发生。传播蔓延除靠自身爬行外，亦可因动物活动、人的农事活动或风、雨被动迁移。在田间先点片发生，后再扩散为害，雨水多对其发生不利。大豆叶片越老受害越重。田间杂草多或植株稀疏的，发生较重。在相对湿度70%以上时，不利于红蜘蛛的发生，低温、多雨、大风天气对红蜘蛛的繁殖不利。8月中旬后逐渐减少，到9月随着气温下降，开始转移到越冬场所，10月开始越冬。

（七）烟粉虱

1. 为害症状

烟粉虱（*Bemisia tabaci*），又名棉粉虱、甘薯粉虱，主要为害大豆、棉花和蔬菜等作物，其寄主植物多达 74 科 500 余种。成虫、若虫聚集在叶背面和嫩茎刺吸汁液，虫口密度大时，叶正面出现成片黄斑，严重时叶片发黄死亡但不脱落，大量消耗植株养分，导致植株衰弱，严重时甚至可使植株死亡。成虫或若虫还大量分泌蜜露，招致灰尘污染叶片，还可诱发煤污病。蜜露多时可使叶污染变黑，影响光合作用。此外，烟粉虱还可传播 30 多种病毒，引起 70 多种植物病害。

2. 发生规律

烟粉虱属半翅目（Hemiptera）粉虱科（Aleyrodidae），原发于热带和亚热带区，自 20 世纪 80 年代以来，随着世界范围内的贸易往来，烟粉虱借助花卉及其他经济作物的苗木迅速扩散，在世界各地广泛传播并暴发成灾，烟粉虱本不是我国主要的经济害虫，但近年来随着北方保护地的增多，烟粉虱在我国华南、华东、华北等地区相继大发生，局部地区造成了严重的经济损失。烟粉虱一年发生 11~15 代，繁殖速度快，世代重叠，在我国南方可常年为害，不需要越冬，在北方不能露地越冬，但可在双膜覆盖的大棚或日光温室内越冬，并能保持较高的种群密度，是次年大田烟粉虱的主要来源。

烟粉虱成虫只在自身羽化的叶片上产少量卵，然后就转移到更新的叶片上再行产卵。卵有光泽，呈长梨形，有小柄，与叶面垂直，卵柄通过产卵器插入叶表裂缝中，大多不规则散产于叶背面，也见于叶正面；卵初产时为淡黄绿色，孵化前颜色慢慢加深至深褐色。1 龄若虫初孵化时椭圆形，扁平、灰白色、稍透明，体周围有蜡质短毛，尾部有根长毛，有足和触角，能活动；在 2 龄和 3 龄时，烟粉虱的足和触角退化消失，仅有口器，固定在叶背面上取食；3 龄若虫蜕皮后形成伪蛹，蜕下的皮硬化成蛹壳。一般把 4 龄若虫称为“伪蛹”，蛹壳呈淡黄色，长 0. 6~0. 9mm，边缘薄或自然下垂，无周缘蜡丝，背面有 1~7 对粗壮的刚毛或无毛，有 2 根尾刚毛。成虫通过第四龄若虫背面的“T”形线羽化出来，体淡黄色至白色，被蜡粉、无斑点；体长 0. 85~0. 91mm，比温室白粉虱小，前翅脉 1

条不分叉，静止时左右翅合拢呈屋脊状，脊背有 1 条明显的缝；成虫的寿命为 10～22d，每头雌虫可产卵 30～300 粒，在适合的植物上平均产卵 200 粒以上。烟粉虱以 26～28℃为最佳发育温度，在此温度条件下，卵期约 5d，若虫期 15d，成虫寿命 30～60d，完成 1 个世代仅需 19～27d。

刚孵化的烟粉虱若虫在叶背爬行，寻找合适的取食场所，数小时后即固定刺吸取食，直到成虫羽化。成虫喜欢群集于植株上部嫩叶背面吸食汁液，随着新叶长出，成虫不断向上部新叶转移。故出现由下向上扩散为害的垂直分布。最下部是蛹和刚羽化的成虫，中下部为若虫，中上部为即将孵化的黑色卵，上部嫩叶是成虫及其刚产下的卵。成虫不善飞翔，对黄色有强烈的趋性。干旱少雨、日照充足的年份发生早，发生严重，持续为害时间长。暴风雨能抑制其大发生，增加灌溉次数也可减轻植株受害程度。

二、大豆主要虫害防治

（一）地下害虫

大豆地下害虫主要有蛴螬、地老虎、蟋蟀、蝼蛄等。根据虫情，因时因地制宜，协调使用各项措施，做到“农防化防综合治、播前播后连续治、成虫幼虫结合治”，将地下害虫控制在经济允许水平以下，最大限度地减少为害。

1. 农业防治

（1）轮作倒茬

北方地区豆类作物应避免连作，减少地下害虫的虫源基数。

（2）深耕细耙

秋季深耕细耙，经机械杀伤和风冻、天敌取食等有效减少土壤中地下害虫的越冬虫口基数。春耕耙耢，可消灭地表地老虎卵粒，上升表土层的蛴螬，从而减轻为害。

（3）合理施肥

施用腐熟的有机肥，能有效减少蝼蛄、金龟甲等产卵，碳铵、腐殖酸铵、氨水、氨化磷酸钙等化肥深施既能提高肥效，又能因腐蚀、熏蒸作用杀伤一部分地蛆、蛴螬等地下害虫。

（4）适时灌水

适时进行春灌和秋灌，可恶化地下害虫生活环境，起到淹杀、抑制活动、推迟出土或迫使下潜、减轻为害的作用。

2. 生物防治

在土壤含水量较高或有灌溉条件的地区，可利用白僵菌粉剂 14kg/hm^2，均匀拌细土 15~25kg 制成菌土，与种肥拌匀，播种时利用播种机随种肥、种子一起施入地下，也可用绿僵菌颗粒剂 44kg/hm^2 直接随种子播种覆土。在大豆生长期（蛴螬成虫始发期）可用白僵菌粉剂 14kg/hm^2，绿僵菌粉剂 3.5kg/hm^2 进行田间地表喷雾。

3. 药剂防治

（1）土壤处理

结合播前整地，进行土壤药剂处理。可选每亩用 5%辛硫磷颗粒剂 200g 拌 30kg 细沙或煤渣撒施。

（2）药剂拌种

最好的方法是用 30%多 · 福 · 克悬浮种衣剂包衣，药种比例为 1∶50，兼治根腐病。或者选用种子重量 0.1%~0.2%的 50%辛硫磷或 40%乐果乳油等药剂，加种子重量 2%的水稀释。均匀喷拌于种子上，堆闷 6~12h，待药液吸干后播种，可防蛴螬等为害种芽。选用的药剂和剂量应进行拌种发芽试验，防止降低发芽率及发生药害。

（3）苗后防治

可用 500g 48%毒死蜱乳油拌成毒饵撒施；或用 5%辛硫磷颗粒剂直接撒施；或喷施 48%毒死蜱乳油、10%吡虫啉可湿性粉剂等，防治成虫，将绿僵菌与毒死蜱混用杀虫效果最佳。

苗期地下害虫为害较重时，也可进行药液浇根，用不带喷头的喷壶或拿掉喷片的喷雾器向植株根际喷药液。可选用 50%辛硫磷乳油 1 000倍液，或 80%敌百虫可湿性粉剂 600~800 倍液。

（二）点蜂缘蝽

对点蜂缘蝽为害的控制应充分重视监测田间种群动态，在发生程度为中等偏重以上的地区，应采用农业、生物、化学相协调的综合防治措施；在发生程度偏轻年份，可结合防治其他害虫进行兼治。

1. 农业防治

首先大豆收获后进行深耕，消灭在深土中越冬的害虫伪蛹。其次，冬季结合积肥，清除田间枯枝落叶，铲除杂草，及时堆沤或焚烧，可消灭部分越冬成虫，压低越冬虫源基数。再次，及时铲除田边早花早实的野生植物，避免其作为早春过渡寄主，减少部分虫源。最后，增施磷钾肥和有机肥，提高大豆的抵抗能力。

2. 保护利用自然天敌

捕食性天敌有球腹蛛、长螳螂和蜻蜓，以及寄生性天敌黑卵蜂等对控制点蜂缘蝽的发生危害具有重要作用。

3. 化学防治

在大豆现蕾、开花和初荚期，幼虫和成虫为害时，用10%吡虫啉可湿性粉剂1 000倍液，或5%啶虫脒乳油1 000倍液，或3%阿维菌素乳油2 000倍液，或2.5%高效氯氟氰菊酯乳油1 000倍液，或者将噻虫嗪、高效氯氟氰菊酯和毒死蜱混合，亩用药液45~60kg，进行茎叶喷雾防治。每隔5~7d喷药1次，连续防治2~3次。早晨或傍晚害虫活动较迟钝，防治效果好，注意交替用药。

（三）甜菜夜蛾和斜纹夜蛾

对这两种夜蛾类害虫应做好田间虫情监测工作，在害虫低龄期进行防治；根据害虫发生时期灵活掌握防治指标。一般在营养生长期可适当放宽防治指标。重视结荚鼓粒期的防控。

1. 加强预测预报

设立虫情测报灯或者性诱剂诱集成虫，选择有代表性的大豆田块对甜菜夜蛾和斜纹夜蛾的卵和幼虫进行田间系统调查，预测其发生期、发生量，为防治提供理论依据。

2. 农业防治

要清除杂草，减少中间宿主，降低虫源；选择抗虫或耐虫的品种和注意大豆品种的更新，如选择适于该地区种植的‘齐黄34’等品种；大豆收获后用犁子深翻土地20~25cm，减少冬季越冬的虫源。

3. 物理防治

在田间甜菜夜蛾发生时，及时进行田间观察，发现叶片上有卵块或刚孵化的幼虫还没有扩散时，及时摘除叶片和卵块。在豆田集中的田块布置太阳能杀虫灯或频振式杀虫灯有效地诱杀成虫。可利用糖、酒、醋混合发酵液加少量敌百虫诱杀或用柳树或杨树枝诱集成虫，以6~10根树枝扎成一把，每亩插10余把，每天早晨露水未干时人工捕杀诱集成虫。

4. 生物防治

包括利用天敌寄生蜂、病原微生物和昆虫寄生线虫等自然控制因子。保护并利用天敌，如蛙类、鸟类、蜘蛛类、捕食螨类、隐翅虫等捕食性天敌和寄生蝇、寄生蜂（黑卵蜂、姬蜂等）等寄生性天敌，利用自然因素控制甜菜夜蛾、斜纹夜蛾的为害。适度推广使用生物农药等生物防治措施，采用Bt制剂以及专门病毒制剂（主要有多核蛋白壳核多角体病毒和颗粒体病毒）等，每7d喷一次。有利于减少环境污染，形成良性循环，对农业生产长期有利。

5. 化学防治

甜菜夜蛾、斜纹夜蛾防治最佳适期是卵孵化高峰期，此时幼虫个体小、食量小、群体为害。防治最迟不能超过3龄，3龄以后则分散取食为害，抗药性增强，且有假死性，防效甚差。而且大龄虫体蜡质层较厚，虫体光滑，用农药防治效果差。所以，在防治甜菜夜蛾时，要抓住有利时期，田间发现有刚孵化的幼虫或低龄虫集聚时就应施药治虫，效果较好。如果这一时期没有抓住，在田间发现有虫蜕皮，即害虫龄间转换，虫体皮肤较薄时施药效果也比较理想。

使用农药防治甜菜夜蛾，选择9：00以前和16：00以后幼虫取食时，用药效果较好。在幼虫刚分散时，进行喷药防治必须保证植株的上下、叶片的背面、四周都应全面喷施，以消灭刚分散的低龄幼虫。世代重叠出现时要在3~5d内进行2次喷药，可将甲维盐、茚虫威（虫螨腈、虱螨脲）和高效氯氰菊酯加有机硅助剂按使用说明适当配比，喷药用水量要足、药量要足，保证喷药细致、均匀。不要使用单一农药，注意不同农药的复配、更换和交替使用，降低害虫的抗性。在前期防治幼虫的基础上，发现有成虫（飞蛾）时，诱杀成虫可以减少下一代幼虫。

同时，要加强甜菜夜蛾、斜纹夜蛾抗药性的监测水平，及时科学地预测抗性发展趋势，推动综合治理措施的实施。应选用高效、低毒、低残留的化学农药，对目前正在推广使用的几个新型高效杀虫剂如氯虫苯甲酰胺、甲氨基阿维菌素苯甲酸盐、虫螨腈和氟啶脲等应进行早期抗性监测，严格控制这些药剂的使用次数和使用剂量，及早加以保护，延长其使用寿命。

（四）蚜虫

在大豆蚜防治过程中，应遵循早期防治、合理施药和保护天敌原则，并力求在作好测报基础上进行综合治理。

1. 加强预测预报

在进行大豆蚜发生量预测预报时，可利用越冬卵数量、寄主状况及过冷却点等多个因子。越冬卵量和气候因子，均为影响大豆蚜发生的重要因素。大豆田秋季迁飞蚜数量增加，常导致当年越冬卵量增加。越冬卵量与次年大豆蚜的发生呈正相关。

大豆卷叶率、单株蚜量、有蚜株率和百株蚜量，均可作为大豆蚜防治指标制定的参考。大豆卷叶率达 8%～10%，需进行大豆蚜防治。田间单株蚜量达 250 头，也需及时开展防治。在大豆花荚期，如百株蚜量达 10 000头，也应进行防治。百株蚜量越大，对大豆造成的产量损害越大。在大豆蚜点片发生期，即百株蚜量达到 1 500头以上或卷叶率达到 3%以上，应提早预防，并制定防治措施。

2. 农业防治

（1）选育抗蚜品种

木质素是大豆对大豆蚜实现防御机制的重要物质，植株抗蚜能力强弱与其木质素含量高低有关。植株叶片内木质素含量高，则该品种抗蚜性较强。野大豆是栽培大豆的近缘种，在野大豆中已筛选出丰富的抗蚜种质资源。利用现有种质资源选育抗蚜品种，也是开展大豆蚜综合防控的重要措施。

（2）调整栽培模式

与大豆单种相比，大豆玉米间作，可调控蚜虫和天敌的种群数量，有利于大豆蚜防控。与单种大豆田比较，间作模式中瓢虫数量可增加 84%，草蛉数量可增加 59%，蜘蛛数量可增加 41%。

（3）结合中耕除草

结合中耕，清除田边、沟边杂草，消灭滋生越冬场所，压低虫源基数。

3. 生物防治

保护天敌对大豆蚜种群具有较好控制作用。目前，已有 80 多种大豆蚜天敌资源被发现。大豆蚜捕食性天敌包括食蚜蝇、草蛉、瓢虫、蜘蛛及蝽类，优势种类为异色瓢虫、七星瓢虫和小花蝽。大豆蚜寄生性天敌包括日本豆蚜茧蜂、豆柄瘤蚜茧蜂、蚜小蜂、棉刺蚜茧蜂、菜蚜茧蜂、黄足蚜小蜂、麦蚜茧蜂、阿拉布小蜂等。大豆蚜的病原性天敌，主要是白僵菌等真菌，还包括弗氏新接蚜霉菌、块状耳霉、暗孢耳霉、冠耳霉、有味耳霉、新蚜虫疠霉、努等利虫疠霉等。

4. 化学防治

化学药剂在生产中，有机磷类、菊酯类及烟碱类等多种杀虫剂被应用于大豆蚜的防治。早期防治，即在大豆蚜虫点片发生时用药，防止扩散蔓延为害。其防治可用600g/L 的吡虫啉悬浮种衣剂包衣，也可以用20%啶虫脒乳油 1 500~2 000 倍液，或 10%吡虫啉可湿性粉剂 2 000~3 000倍液，进行喷雾防治。田间喷雾防蚜时要尽量倒退行走，以免接触中毒。目前，化学防治在当前农业生产中仍占据重要地位。为了防止单一种类杀虫剂的长期施用引发害虫抗药性的快速增长，注意交替用药。

（五）红蜘蛛

对大豆红蜘蛛防治应采取“预防为主，防治结合；挑治为主，点面结合”的原则。在具体操作上应通过压低大豆苗期的螨量来控制生长后期的螨量。田间出现受害株时，有 2%~5%叶片出现叶螨，每片叶上有 2~3 头时，应进行挑治，把叶螨控制在点片发生阶段。尽可能推迟全田普防的时间。

1. 农业防治

大豆红蜘蛛在植株稀疏长势差的地块发生重，而在长势好、封垄好的地块发生轻。只要田间不旱，大豆长势良好，大豆红蜘蛛一般不会大发生。因此，农业防治的关键，一是要保证保苗率，施足底肥，并要增加磷钾肥的施入量，以保证苗齐苗壮，后期不脱肥，增强大豆自身的抗红蜘蛛为害能力。二是要加强田间管理，要及时采取人工除草办法，将杂草铲除干净，收获后及时清除残枝败叶，集中烧毁或深埋，进行翻耕，减少虫源数量。三是要合理灌水施肥，遇气温高或干旱，要及时灌溉，增施磷、钾肥，促进植株生长，抑制害螨增殖。

2. 物理防治

注意监测虫情，发现少量叶片受害时，及时摘除虫叶烧毁，减少虫口密度。

3. 生物防治

保护和利用天敌，有塔六点蓟马、钝绥螨、食螨瓢虫、中华草蛉、小花蝽等对红蜘蛛种群数量有一定控制作用。

4. 化学防治

应在发生初期、即大豆植株有叶片出现黄白斑为害状时就开始喷药防治。可选用的用1.8%阿维菌素乳油3 000倍液、15%哒螨灵乳油2 000倍液、73%灭螨净（炔螨特）3 000倍液，进行喷雾防治。每隔7d喷1次，连续喷洒2~3次。生产上适用于防治红蜘蛛的杀螨剂还很多，如联苯肼酯、唑螨酯、虫螨腈、丁氟螨酯、四螨嗪、联苯菊酯等，注意交替用药和混配用药。喷药的重点部位是植株的嫩茎、嫩叶背面、生长点、花器等部位。

（六）烟粉虱

由于烟粉虱具有飘移性强、扩散性大等特点，因此极不易防治。且对常规农药已表现出较强的抗性，如对有机磷类、氨基甲酸酯类、菊酯类农药的抗性都比较高，再使用这些药剂已得不到很好的防治效果。防治烟粉虱时要利用包括农业防治、物理防治、生物防治、化学防治等多种防治措施的综合治理方法。在防治策略上要遵循治早治小的原则，有效控制烟粉虱的种群发生与增长，始终控制其种群不在大田形成猖獗发生为害之势。

1. 农业防治

（1）调整作物布局，切断扩散桥梁寄主

大豆玉米间作，可以利用非烟粉虱寄主作物玉米，形成作物隔离带，在烟粉虱发生的核心区周围，控制迁移扩散。尽量避免在豆田周围种植瓜菜类等烟粉虱嗜好性强的作物。

（2）及时清理田园

通过清理田园及田边、沟边杂草，控制烟粉虱传播扩散。

（3）选择抗性品种

烟粉虱对大豆不同品种的选择性不同。因此，种植大豆时要注意结合品种的产量、品质等其他性状特点，选用烟粉虱选择性差的大豆品种，以减轻为害损失。

（4）合理施肥

注意有机肥和生物菌肥的使用，配合氮磷钾肥使用，促进大豆生长。适时补充微量元素，提高大豆抗性，减轻为害。

2. 物理防治

利用烟粉虱对苘麻的趋性，可在豆田周边种植苘麻诱集带，诱集烟粉虱取食和产卵，随后集中进行处理。

3. 生物防治

（1）保护利用天敌

豆田烟粉虱天敌种类众多，像瓢虫、草蛉、小花蝽、捕食螨、蜘蛛等捕食性天敌和丽蚜小蜂等寄生性天敌共百余种。选择对天敌杀伤性小的农药，保护天敌在自然中大量繁殖，控制烟粉虱的发生。

（2）利用生物农药

可利用昆虫生长调节剂、植物源农药、抗生素类农药等防治烟粉虱。可选用抗生素类杀虫剂1.8%阿维菌素乳油2 000~3 000倍液；植物源杀虫剂6%烟百素乳油1 000倍液；0.3%印楝素乳油、0.3%苦参碱水剂等对烟粉虱有驱避、拒食和直接杀伤作用；昆虫几丁质酶抑制剂25%噻嗪酮可湿性粉剂1 000~1 500倍液。

4. 化学防治

防治烟粉虱必须掌握的技术关键。

（1）治早、治小

抓好烟粉虱发生前期和低龄若虫期的防治至关重要，因为1龄烟粉虱若虫蜡质薄，不能爬行，接触农药的机会多，抗药性差，容易防治。

（2）集中连片统一用药

烟粉虱食性杂，寄主多，迁移性强，流动性大，只有对全生态环境，尤其是田外杂草统一用药，才能控制其繁殖为害。以温室大棚附近的田块为重点，统一连片用药，叶背均匀喷雾，达到事半功倍的效果。在防治烟粉虱时注意在成虫活动不活跃的时段进行，一般为 10：00 之前和 16：00 以后，最大限度地保证防治效果。

（3）关键时段全程药控

特别是大田、蔬菜田，烟粉虱繁殖力高，生活周期短，群体数量大，世代重叠严重，卵若虫成虫多种虫态长期并存，在 7—9 月烟粉虱繁殖高峰期必须进行全程药控，才能控制其繁衍为害。

（4）选准药剂

防治大豆田烟粉虱可选用的化学药剂：10%吡虫啉可湿性粉剂 1 500倍液，50%氟啶虫胺腈水分散粒剂 3 000~4 000倍液，25%噻嗪酮（扑虱灵）水分散粒剂 2 000~2 500倍液，10%烯啶虫胺水剂 2 000倍液，2.5%高效氯氟氰菊酯乳油 1 500倍液，48%毒死蜱乳油 100~1 500倍液等。要注意轮换用药，延缓抗药性的产生。

第三节　玉米主要虫害及防治

玉米主要虫害包括：地下害虫、二点委夜蛾、玉米螟、棉铃虫、黏虫、桃蛀螟、甜菜夜蛾、蓟马和蚜虫等。

一、玉米主要虫害识别

（一）地下害虫

为害玉米生长的地下害虫生要有地老虎、蝼蛄、蛴螬、金针虫等。这些害虫栖居土中，主要为害玉米的种子、根、茎、幼苗和嫩叶，造成种子不能发芽出苗，或根系不能正常生长，心叶畸形，幼苗枯死，缺苗断垄等。

1. 地老虎

（1）为害症状

小地老虎是玉米苗期的主要害虫，一般以第 1 代幼虫为害严重，主要咬食玉米心叶及茎基部柔嫩组织。幼虫一般分为 5~6 龄，1~2 龄对光不敏感，昼夜活动取食玉米幼苗顶心嫩叶，将叶片蚕食成针状小孔洞；3 龄后入土为害幼苗茎基部，咬食幼苗嫩茎，一般潜藏在田间萎蔫苗周围土中；4~6 龄表现出明显的避光性，白天躲藏在作物和杂草根部附近，黄昏后出来活动取食，在土表层 2~3cm 处咬食幼苗嫩茎，使整株折断致死，严重时造成田间缺苗断垄。小地老虎有迁移特性，当受害玉米死亡后，转移到其他幼苗继续为害。

（2）发生规律

同大豆地老虎。

2. 蝼蛄

（1）为害症状

蝼蛄以成虫和若虫咬食玉米刚播下的种子或已发芽的种子、作物根部及根茎部，有时活动于地表，将幼苗茎叶咬成乱麻状和细丝，使幼苗枯死。还常常拨土开掘，在土壤表层穿出隧道，使根系与土壤脱离，或暴露于地面，甚至将幼苗连根拔出。

（2）发生规律

同大豆蝼蛄。

3. 蛴螬

（1）为害症状

蛴螬主要以幼虫为害，喜食刚播下的玉米种子，造成不能出苗；切断刚出土的幼苗，食痕整齐；咬断主根，造成地上部分缺水死亡，引起缺苗断垄。而且为害的伤口易被病菌侵入，引起其他病害发生。成虫咬食玉米叶片成孔洞、缺刻，也会为害玉米的花器，直接影响玉米产量。

（2）发生规律

同大豆蛴螬。

4. 金针虫

（1）为害症状

金针虫是叩甲幼虫的通称，俗称节节虫、铁丝虫、土蚰蜒等。广布世界各地，为害玉米、小麦等多种农作物以及林木、中药材和牧草等，多以植物的地下部分为食，是一类极为重要的地下害虫。多数种类为害农作物和林草等的幼苗及根部，是地下害虫的重要类群之一。金针虫咬蛀刚播下的玉米种子、幼芽，使其不能发芽，也可以钻蛀玉米苗茎基部内取食，有褐色蛀孔。在土壤中为害玉米幼苗根茎部，可咬断刚出土的幼苗，也可侵入已长大的幼苗根里取食为害，被害处不完全咬断，断口不整齐，被害植株则干枯而死。成虫则在地上取食嫩叶。

（2）发生规律

金针虫属鞘翅目（Coleoptera）叩甲科（Elateridae）昆虫幼虫的总称，该虫分布广，为害重，在世界范围内是一类重要的地下害虫，多数种类为害农作物和林草等的幼苗及根部，是地下害虫的重要类群之一。取食玉米的主要有沟金针虫（*Pleonomus canaliculatus*）、细胸金针虫（*Agriotes subrittatus*）、褐纹金针虫（*Melanotus caudex*）和宽背金针虫（*Selatosomus latus*）等，其中又以沟金针虫发生为害最为严重。金针虫生活史很长，世代重叠严重，常需2~5年才能完成1代；幼虫一般有13个龄期，田间终年存在不同龄期的大、中、小3类幼虫；以各龄幼虫或成虫在土层中越冬或越夏。

①沟金针虫。成虫雌雄差别较大，雌虫体长16~17mm；雄虫体长14~18mm。雌虫扁平宽阔，背面拱隆；雄虫细长瘦狭，背面扁平；体深褐色或棕红色，全身密被金黄色细毛，头和胸部的毛较长；雌虫后翅退化；雄虫足细长，雌虫明显粗短。卵乳白色，椭圆形。初孵幼虫体乳白色，头及尾部略带黄色；体长约2mm，后渐变黄色；老龄幼虫体长20~30mm，体节宽大于长，从头至第九腹节渐宽。体金黄色，体表有同色细毛，侧部较背面为多；头部扁平，上唇呈三叉状突起；从胸背至第10腹节，每节背面正中央有条细纵沟；化蛹初期体淡绿色，后渐变深色。沟金针虫发育很不整齐，一般3年完成1代，少数2年、4年完成1代，以成虫或幼虫在土层中越冬。在华北地区，越冬成虫在春季10cm土温达10℃左右时开始出土活动，土温稳定在10~15℃时达到活动高峰。成虫白天藏躲在表土中，或田旁杂草和土块下，傍晚爬出土面活动交配。雄虫出土迅速，性活跃，飞翔力较强，仅作短距离飞翔，夜晚一直在叶尖上停留，未见成虫觅食，黎明前成虫潜回土中。雌虫无后翅，行动迟缓，不能飞翔，活动范围小，有假死性，无趋光性，有集中发生的特点。产卵盛期在4月中旬，卵经20d孵化；幼虫期长达3年左右，孵化的幼虫在6月形成一定危害后下移越夏，待秋播开始时，又上升到表土层活动，为害至11月上、中旬，然后下移20~40cm处越冬；第2年春季越冬幼虫上升活动与为害，3月下旬至5月上旬为害最重。随后越夏，秋季为害然后越冬。第3年春季继续出土为害，直至8—9月在土中化蛹，蛹期

12~20d。9月初开始羽化为成虫，成虫当年不出土而越冬，来年春才出土交配、产卵。

②细胸金针虫。成虫体长8~9mm，体形细长扁平；头、胸部黑褐色，鞘翅、触角和足红褐色，光亮；前胸背极长稍大于宽，后角尖锐，顶端多少上翘；鞘翅狭长，末端趋尖。卵乳白色，近圆形。老熟幼虫体长约32mm，淡黄色，光亮；头扁平，口器深褐色。第一胸节较第二胸节和第三胸节稍短。1~8腹节略等长，尾节圆锥形，近基部两侧各有1个褐色圆斑和4条褐色纵纹，顶端具1个圆形突起。蛹浅黄色。多2年完成一代，也有1年或3~4年完成一代的，以成虫和幼虫在土中20~40cm处越冬。翌年3月上中旬开始出土为害，4—5月为害最盛，成虫昼伏夜出，有假死性，对腐烂植物的气味有趋性，常群集在腐烂发酵气味较浓的烂草堆和土块下。6月下旬至7月上旬为产卵盛期，卵产于表土内。幼虫耐低温，早春上升为害早，秋季下降迟，喜钻蛀和转株为害。土壤温湿度对其影响较大，幼虫耐低温而不耐高温，地温超过17℃时，幼虫向深层移动。细胸金针虫不耐干燥，要求较高的土壤湿度约20%~25%，适于偏碱性潮湿土壤，在春雨多的年份发生重。

③褐纹金针虫。成虫体长8~10mm，体细长，黑褐色，生有灰色短毛。头部凸形黑色，密生较粗点刻。触角、足暗褐色，前胸黑色，但点刻较头部小。唇基分裂。前胸背板长明显大于宽，后角尖，向后突出。鞘翅狭长，自中部开始向端部逐渐变尖。卵椭圆形，初产时乳白略黄。老熟幼虫体长25~30mm，细长圆筒形，茶褐色，有光泽，第一胸节及第九腹节红褐色。头扁平，梯形，上具纵沟，布小刻点；身体自中胸至腹部第8节各节前缘两侧生有深褐色新月形斑纹。初蛹乳白色，后变黄色，羽化前棕黄色。褐纹金针虫在华北地区常与细胸金针虫混合发生。褐纹金针虫3年完成一代，以成虫或幼虫在20~40cm土层中越冬。10cm地温达20℃，成虫大量出土，当空气湿度达63%~90%时雄虫活动极为频繁，湿度在37%以下很少活动，所以久旱逢雨对其活动极为有利。成虫昼出夜伏，夜晚潜伏于土中或土块、枯草下等处。成虫具假死性，无趋光性，有叩头弹跳能力。越冬成虫在翌年5月上旬开始活动，5月中旬至6月上旬活动最盛。5月底至6月下旬为成虫产卵期，6月上、中旬为产卵盛期。卵多散产，卵期约16d，孵化整齐。幼虫在4月上中旬开始活动，开始为害幼苗，大约1个月后幼虫下潜，9

月又上升为害，10cm 地温 8℃时又下潜越冬。

④宽背金针虫。成虫雌虫体长 10.50～13.12mm，雄虫体长 9.2～12.0mm，粗短宽厚。体褐铜色或暗褐色，前胸和鞘翅带有青铜色或蓝色色调。头具粗大刻点。触角暗褐色而短，端不达前胸背板基部。前胸背板横宽，侧缘具有翻卷的边沿，向前呈圆形变狭，后角尖锐刺状，伸向斜后方。小盾片横宽，半圆形。鞘翅宽，适度凸出，端部具宽卷边。卵乳白色，近球形。老熟幼虫体长 20～22mm，体棕褐色。腹部背片不显著凸出，有光泽，隐约可见背纵线。背片具圆形略凸出的扁平面，上覆有 2 条向后渐近的纵沟和一些不规则的纵皱，其两侧有明显的龙骨状缘，每侧有 3 个齿状结节。初蛹乳白色，后变白带浅棕色。4～5 年完成 1 代，以成虫和幼虫越冬，越冬成虫 5 月开始出现，越冬幼虫于 4 月末至 5 月初开始上升活动，老熟幼虫 7 月下旬化蛹。宽背金针虫如遇过于干旱的土壤，也不能长期忍耐，但能在较干旱的土壤中存活较久，此种特性使该种能分布于开放广阔的草原地带。在干旱时往往以增加对植物的取食量来补充水分的不足，为害常更突出。

耕作栽培制度对金针虫发生程度也有一定的影响，一般精耕细作地区发生较轻。耕作对金针虫即可有直接的机械损伤，也能将土中的蛹、休眠幼虫或成虫翻至土表，使其暴露在不良气候条件下或遭到天敌的捕杀。在一些间作、套种面积较大的地区，由于犁耕次数较少，金针虫为害往往较重。

（二）二点委夜蛾

1. 为害症状

二点委夜蛾（*Athetis lepigone*）是我国夏玉米区近年新发生的害虫，各地往往误认为是地老虎为害。主要以幼虫为害，幼虫喜欢在潮湿的环境栖息，具有转株为害的习性，一般 1 头幼虫可以为害多株玉米苗，幼虫为害玉米幼苗，钻蛀咬食玉米苗茎基部，形成圆形或椭圆形孔洞，输导组织被破坏，造成玉米幼苗心叶枯死和地上部萎蔫，植株死亡；咬食刚出土的嫩叶，形成孔洞叶；咬断根部，当一侧的部分根被吃掉后，造成玉米苗倒伏，但不萎蔫；在玉米成株期幼虫可咬食气生根，导致玉米倒伏，偶尔也蛀茎为害和取食玉米籽粒。一般顺垄为害，发生严重的会造成局部大面积缺苗断垄，甚至绝收毁种。由于玉米生长期较短，苗期受害后补偿能力很小，玉米苗期百株虫量 20 头以上即可造成玉米缺苗断垄、甚至毁种。该害虫具有来势猛、短时间暴发、扩散范围广、隐蔽性强、发生量大、为害重等特点，若不及时防治，对玉米生产影响很大。

2. 发生规律

二点委夜蛾属鳞翅目（Lepidotera）夜蛾科（Noctuidae），随着我国玉米耕作制度的变革和玉米精量播种技术的推广，二点委夜蛾已成为夏玉米苗期的重要害虫之一。2005 年在河北省首次发现该虫为害夏玉米幼苗，2007 年在山东省宁津发现，2008 年 7 月在河南省新乡市发现成虫，近年来逐年扩大为害，2011 年在黄淮海夏播玉米区河北、山东、河南省等地全面暴发为害，发生面积近 220 万 hm^2。初期百姓不识，误以为是地老虎为害，贻误了最佳防治时期。二点委夜蛾除为害玉米外，还可取食小麦、棉叶、大豆、花生、白菜等，食性杂，寄主范围广。玉米田周围间作大豆、花生、棉花等作物，为二点委夜蛾提供了多样的寄主来源。

二点委夜蛾在黄淮海夏玉米区 1 年发生 4 代，主要以老熟幼虫做茧越冬，少数未作茧的老熟幼虫及蛹也可以越冬。老熟幼虫体长一般为 14～18cm，有的长达 20mm，呈灰褐色或黑褐色；腹背两侧各有一条边缘为灰白色的深褐色纵带，每节中部前缘隐约可见倒“V”形斑纹。第二年 3 月份陆续化蛹。化蛹初期淡黄褐色，随蛹的发育逐渐变为褐色，有的蛹在接近羽化时颜色为浅黑色。一般在 4 月下旬至 5 月上旬成虫羽化，持续时间较长。成虫体长 8～15mm，翅展 20mm 左右，头、胸、腹均为灰褐色；前翅灰褐色，有光泽；最为明显的特征是前翅中央近前缘有肾形纹，内方有 1 环形纹，肾形纹较小，有黑点组成的边缘，形成一小黑点，肾形纹外侧常有一白点，形成鲜明对比；成虫喜将卵产在麦秸下的土缝内或底层碎麦秸上，卵粒单层排列成行、或单粒散产，初期乳白色或淡绿色，圆球形或馒头状，随卵的发育颜色加深，接近孵化时上半部变成暗褐色。小麦的返青并封垄，为越冬代成虫和 1 代幼虫提供了适宜的生存环境，使其可在小麦田大量繁殖。5 月底至 6 月上、中旬为 1 代成虫盛发期，刚好与小麦收获期相遇，黄淮海玉米主产区主要采用麦套玉米和秸秆还田的耕作模式，大量的秸秆还田，再次为 1 代成虫和 2 代幼虫提供了极佳的庇护所。6 月中、下旬开始，2 代幼虫发生期刚好与玉米苗期相吻合，夏玉米为其提供了充足的食物。幼虫除取食玉米苗外，也吃田间散落的碎麦粒和自生麦苗，二点委夜蛾幼虫畏光，昼伏夜出，白天躲藏在麦秸等覆盖物下，幼虫喜欢温暖潮湿的环境，不适应干燥的环境，不能长时间暴露在阳光下。幼虫受到惊扰时，有假死性，呈“C”形，在田间有聚集性，但分布不均，而且龄期不一致。2代幼虫为害玉米的主要代，延续到7月上、中旬。7月中、下旬幼虫陆续化蛹、羽化。2代成虫发生量大，但是，受夏季高温和食物的影响，虽然蛾量大，但产卵量并不多，所以3代幼虫量较少。8月底至9月初3代成虫繁殖，并主要以4代老熟幼虫作茧越冬，越冬场所复杂，有棉田、花生田、甘薯田、豆田、药材田、冬瓜田、桃园、麦茬田和废弃农田，在阔叶类杂草丛也可以越冬。在空间分布上主要是在地表，部分作茧在覆盖物中越冬，棉田越冬存活率相对较大，秸秆覆盖厚度对存活率影响不显著。焚烧过或者深翻的田块见不到该虫，小麦秸秆粉碎后旋耕的田块为害也较轻。

（三）玉米螟

玉米螟幼虫咬食心叶、茎秆和果穗。幼虫集中在玉米植株心叶深处，咬食未展开的嫩叶，使叶片展开后呈现横排孔状花叶。

1. 为害症状

玉米螟俗称玉米钻心虫、箭秆虫，是玉米生产上发生最重、为害最大的常发性害虫，具有发生区域广，防控难度大，为害损失重的特点，严重威胁着玉米高产、稳产。主要以幼虫为害玉米，幼虫共5龄。心叶期世代玉米螟初孵幼虫大多爬入心叶内，群聚取食心叶叶肉，留下白色薄膜状表皮，呈花叶状，并可吐丝下垂，随风飘移扩散到邻近植株上；2~3龄幼虫在心叶内潜藏为害，被害心叶展开后，出现整齐的横排小孔；叶片被幼虫咬食后，会降低其光合效率；雄穗抽出后，呈现小花被毁状，影响授粉；苞叶、花丝被蛀食，会造成缺粒和秕粒。4龄后幼虫以钻蛀茎秆和果穗为害，在茎秆上可见蛀孔，蛀孔外常有幼虫钻蛀取食时的排泄物，被蛀茎秆易折断，不折的茎秆上部叶片和茎变紫红色，由于茎秆组织遭受破坏，影响养分输送，玉米易早衰，严重时雌穗发育不良，籽粒不饱满。穗期世代玉米螟初孵幼虫取食幼嫩的花丝和籽粒，大龄后钻蛀玉米穗轴、穗柄和茎秆，形成隧道，破坏植株内水分、养分的输送，导致植株倒折和果穗脱落，同时由于其在果穗上取食为害，不但直接造成玉米产量的严重损失，还常诱发或加重玉米穗腐病的发生。一般发生年份，玉米产量损失在5%~10%，严重发生年份达20%~30%，甚至更高，并且严重影响玉米品质，降低玉米商品等级。

2. 发生规律

玉米螟属鳞翅目（Lepidoptera），螟蛾科（Pyralidae）。世界范围内为害玉米的主要有两个种，即亚洲玉米螟（*Ostrinia furnacalis*）和欧洲玉米螟（*Ostrinia nubilalis*）。亚洲玉米螟主要分布于东南亚、中国、印度、日本、澳大利亚、朝鲜及太平洋西部的许多岛屿；欧洲玉米螟主要分布于西亚、西北非、欧洲和北美。在中国，两种玉米螟均有分布，但其中亚洲玉米螟为优势种，欧洲玉米螟仅分布在新疆的伊犁地区。

玉米螟通常以老熟幼虫在玉米茎秆、穗轴内或高粱、向日葵的秸秆中越冬。老熟幼虫体长25mm左右，圆筒形，头黑褐色，背部颜色有浅褐、深褐、灰黄等多种，中、后胸背面各有毛瘤4个，腹部1~8节背面有两排毛瘤，前后各两个，均为圆形，前大后小。次年4—5月化蛹，蛹长15~18mm，黄褐色，长纺锤形，尾端有刺毛5~8根；经过10d左右羽化。成虫黄褐色，雄蛾体长10~13mm，翅展20~30mm，体背黄褐色，腹末较瘦尖，触角丝状，灰褐色，前翅黄褐色，有两条褐色波状横纹，两纹之间有两条黄褐色短纹，后翅灰褐色；雌蛾形态与雄蛾相似，色较浅，前翅鲜黄，线纹浅褐色，后翅淡黄褐色，腹部较肥胖；夜间活动，飞翔力强，有趋光性，寿命5~10d，喜欢在离地50cm以上、生长较茂盛的玉米叶背面中脉两侧产卵。卵扁平椭圆形，数粒至数十粒组成卵块，呈鱼鳞状排列，初为乳白色，渐变为黄白色，孵化前卵的一部分为黑褐色（为幼虫头部，称黑头期）。一个雌蛾可产卵350~700粒，卵期3~5d。幼虫孵出后，先聚集在一起，然后在植株幼嫩部分爬行，开始为害。初孵幼虫，能吐丝下垂，借风力飘迁邻株，形成转株为害。玉米螟适合在高温、高湿条件下发育，冬季气温较高，天敌寄生量少，有利于玉米螟的繁殖，为害较重；卵期干旱，玉米叶片卷曲，卵块易从叶背面脱落而死亡，为害也较轻。

（四）棉铃虫

1. 为害症状

棉铃虫（*Helicoverpa armigera*）又名玉米穗虫、钻心虫、棉挑虫、青虫、棉铃实夜蛾等，广泛分布在中国及世界各地，寄主植物有 30 多科 200 余种，为杂食性害虫，为害绝大多数绿色植物，以幼虫蛀食为害玉米、大豆、棉花、向日葵等为主。棉铃虫对玉米的为害尤为严重。棉铃虫幼虫主要取食玉米穗部籽粒，玉米的穗状雄花和雌穗常受幼虫为害。玉米心叶期幼虫取食叶片时，自叶缘向内取食，造成缺刻状或孔洞；初孵幼虫为害玉米心叶，造成排行穿孔，和玉米螟为害状相似，孔洞粗大，边缘不整齐；大龄幼虫有时可将叶片吃光，只剩主脉和叶柄，常见大量颗粒状虫粪；有时可咬断心叶，会造成枯心；也可转株为害。为害雄穗时，初孵幼虫先将卵壳吃掉，然后蛀入玉米小花内为害，低龄幼虫会吐丝，缚住其他玉米小花，继续取食，如若玉米雄穗新鲜，幼虫仍要继续为害，当雄穗枯老不能为食时，幼虫则转移到果穗为害。穗期棉铃虫孵化后，幼虫主要集中在玉米果穗顶部为害，会咬断花丝，常把花丝吃光，导致雌穗部分籽粒因授粉不良而不育，雌穗向一侧弯曲，或造成戴帽现象；当花丝萎蔫时，向下蛀入苞叶内啃食幼嫩籽粒，随着棉铃虫幼虫虫龄的增长，幼虫逐步向下逐粒取食玉米籽粒，直至雌穗中部；老熟幼虫大部分不钻蛀穗轴，返回至果穗顶部，从原来的蛀食孔钻出，也有少部分取食至果穗中部时，穿透穗轴从苞叶上蛀孔钻出。产生大量虫粪，并将其沿蛀孔排出至穗轴顶端，虫粪的排出使受害部位受到污染，则会使部分籽粒发霉腐烂，玉米品质下降；玉米幼穗被吃空或引起腐烂后，经病原、雨水侵入更易引起腐烂、脱落。幼虫老熟后从果穗顶部蛀食钻出转株为害，1 头幼虫可为害 2~3 株玉米。

2. 发生规律

棉铃虫属鳞翅目（Lepidotera）夜蛾科（Noctuidae）。在我国由北向南年发生 3~7 代，辽宁、河北北部、内蒙古、新疆等地一年发生 3 代，华北及黄河流域发生 4 代，长江流域发生 4~5 代，华南地区发生 5~7 代，以滞育蛹在土中越冬。黄河流域越冬代成虫于 4 月下旬始见，第一代幼虫主要为害小麦、豌豆等，其中麦田占总量的 70%~80%，第二代成虫始见于 7 月上中旬。成虫体长 14~18mm，翅展 30~38mm，灰褐色；前翅具褐色环状纹及肾形纹，肾纹前方的前缘脉上有二褐纹，肾纹外侧为褐色宽横带，端区各脉间有黑点；后翅黄白色或淡褐色，端区褐色或黑色；白天隐藏在叶背等处，黄昏开始活动，取食花蜜，有趋光性，在夜间交配产卵，每头雌成虫平均产卵 1 000粒。卵散产，出苗和拔节期，卵主要产在心叶上，以叶正面靠近叶尖处居多；抽雄到开花期，产卵部位比较分散，除叶面和叶鞘以外，部分卵会产在雄穗上，进入吐丝和灌浆期，产卵部位则主要集中到叶鞘和雄穗上；近半球形，底部较平，高 0.51～0.55mm，直径 0.44～0.48mm，顶部微隆起；初产时乳白色或淡绿色，逐渐变为黄色，孵化前紫褐色。卵表面可见纵横纹，其中伸达卵孔的纵棱有 11～13 条，纵棱有 2 岔和 3 岔到达底部，通常 26～29 条。幼虫多通过 6 龄发育，个别 5 龄或 7 龄，初孵幼虫先吃卵壳，后爬行到心叶或叶片背面栖息；第 2 天集中在生长点或嫩尖处取食嫩叶，但为害状不明显，2 龄幼虫除食害嫩叶外，开始取食雌穗，3 龄以上幼虫常互相残杀，4 龄后幼虫进入暴食期，幼虫有转株为害习性，转移时间多在 9：00—17：00；老熟幼虫体长 30～41mm，体色变化很大，由淡绿、绿色、淡红、黄白至红褐乃至黑紫色，常见为绿色型及红褐色型；头部黄褐色，背线、亚背线和气门上线呈深色纵线，气门白色，腹足趾钩为双序中带；老熟幼虫在 3～9cm 表土层筑土室化蛹。蛹长 14～23mm，纺锤形，初蛹为灰绿色，绿黑色或褐色，复眼淡红色，近羽化时呈深褐色，有光泽，复眼黑色。腹部第 5～7 节背面和腹面有比较稀而大的马蹄形刻点；臀棘钩刺 2 根，尖端微弯。

玉米棉铃虫喜中温高湿，各虫态发育最适温度为 25～28℃，干旱少雨天气有利于棉铃虫的发生，尤其是 6—8 月热量多、气温高，特别利于棉铃虫的孵化与发育，促使棉铃虫的繁殖力和生存力都提高，棉铃虫严重发生；北方湿度对棉铃虫影响更为明显，相对湿度 70%以上为害严重。此外，冬季气候变暖，也有利于棉铃虫的越冬，增大来年为害基数。棉铃虫寄主范围广、远距离飞行能力强、繁殖潜能大、环境适应能力强，因此在条件适宜的情况下经常大面积暴发，造成灾害，自 20 世纪 70 年代开始，每年都会发生，一般品种可造成减产 5%～7%，严重者减产 10%以上。

（五）黏虫

1. 为害症状

黏虫（*Mythimna separata*）又称剃枝虫、行军虫，俗称五彩虫、麦蚕。是一种主要以小麦、玉米、高粱、水稻等粮食作物和牧草的杂多食性、迁移性、间歇暴发性害虫。可为害 16 科 104 种以上的余种植物，尤其喜食禾本科植物。除西北局部地区外，其他各地均有分布。黏虫暴发时可把作物叶片食光，严重损害作物生长。主要以幼虫啃食叶片为害为主，1~2 龄的黏虫幼虫多集中在叶片上取食造成孔洞，严重时可将幼苗叶片吃光，只剩下叶脉。3 龄后沿叶缘啃食形成不规则缺刻。暴食时，可吃光叶片。玉米黏虫多数是集中为害，常成群列纵队迁徙为害，故又名“行军虫”。虫害发生严重时，会在短时间内吃光叶片，只剩下叶脉，造成玉米的严重减产甚至绝收。

2. 发生规律

黏虫属鳞翅目（Lepidotera）夜蛾科（Noctuidae）。东北地区一年发生 2~3 代，华北一般发生 3~4 代，最多 5 代。华东地区为 5~6 代，华南地区为 7~8 代，在我国东部地区以北区域，即 1 月 0℃等温线（大致为 33°N）以北不可越冬，但在 1 月的 0~8℃等温线之间（为 27°~33°N），黏虫可以幼虫或蛹在田间成功越冬，1 月 8℃等温线（为 27°N）以南的各区域，黏虫发生为害的情况可终年为害。黏虫成虫体色呈淡黄色或淡灰褐色，体长 17~20mm，翅展 35~45mm，触角丝状，前翅中央近前缘有 2 个淡黄色圆斑，外侧环形圆斑较大，后翅正面呈暗褐，反面呈淡褐，缘毛呈白色，由翅尖向斜后方有 1 条暗色条纹，中室下角处有 1 个小白点，白点两侧各有 1 个小黑点。雄蛾较小，体色较深，其尾端经挤压后，可伸出 1 对鳃盖形的抱握器，抱握器顶端具 1 长刺，这一特征是别于其他近似种的可靠特征；雌蛾腹部末端有 1 尖形的产卵器。产卵部位趋向于黄枯叶片。卵半球形，直径 0. 5mm，初产时乳白色，表面有网状脊纹，初产时白色，孵化前呈黄褐色至黑褐色；卵粒单层排列成行，但不整齐，常夹于叶鞘缝内，或枯叶卷内。在玉米苗期，卵多产在叶片尖端，成株期卵多产在穗部苞叶或果穗的花丝等部位。产卵时分泌胶质黏液，使叶片卷成条状，常将卵黏连成行或重叠排列包住，形成卵块，以致不易看见。每个卵块一般 20~40 粒，成条状或重叠，多者达 200~300 粒。老熟幼虫体长 38~40mm，头黄褐色至淡红褐色，正面有近八字形黑褐色纵纹。体色多变，背面底色有：黄褐色、淡绿色、黑褐至黑色。体背有 5 条纵线，背中线白色，边缘有细黑线，两侧各有 2 条极明显的浅色宽纵带，上方 1 条红褐色，下方 1 条黄白色、黄褐色或近红褐色。幼虫老熟后入土化蛹。蛹红褐色，体长 17~23mm，腹部第 5、第 6、第 7 节背面近前缘处有横列的马蹄形刻点。

黏虫在我国大型的迁飞活动大致有 4 次，将会形成 5 次为害区域。首先，越冬代的黏虫会在 3—4 月由华南、江南等第 1 代发生区北迁迁入长江中下游地区和黄淮地区，在此地繁殖形成为害后，在 5—6 月由此地继续向北迁飞至东北三省、内蒙古东部等地区，东北平原为主要迁入区，第 3 次的迁飞活动发生在 7—8 月，由东北等地区发生的 2 代成虫羽化后，将向南陆续回迁至海河平原和黄河下游平原，最后一次迁飞在 8—9 月，3 代黏虫成虫羽化后将继续向南回迁至江南、华南的稻区繁殖为害。黏虫就是这样每年南北往返迁飞形成为害的。

黏虫属中温好湿性昆虫，降水量大的季节，土壤及空气湿度比较大，有利于黏虫的发生，同时，黏虫的成虫有迁徙为害的特性，迁徙过程中如遇风雨天气会使其降落，引发当地的黏虫为害。黏虫比较喜欢密植的作物，大豆玉米间作，玉米密度相对较小，为黏虫爆发创造了不利条件。

（六）桃蛀螟

1. 为害症状

桃蛀螟（*Dichocrocis punctiferalis*）又称桃蛀野螟、豹纹斑螟、桃蠹螟、桃斑螟、桃实螟蛾、豹纹蛾、桃斑蛀螟，幼虫俗称蛀心虫，属鳞翅目，草螟科。国内主要分布于华北、华东、中南和西南地区，西北和台湾地区也有分布。20 世纪末以来，由于种植制度改革和种植结构调整等因素，桃蛀螟在玉米上为害逐年加重，尤其是在黄淮海玉米区，严重时玉米果穗上桃蛀螟的幼虫数量和为害程度甚至超过玉米螟，上升为穗期的重要害虫。

桃蛀螟在玉米田抽雄后到玉米田产卵，幼虫孵化后大多转移到玉米叶鞘内侧取食叶舌、叶鞘及散落的花粉，仅有少部分为害雄穗；授粉结束后，在雌穗花丝顶端开始萎蔫时，少部分幼虫由叶鞘内侧转向雌穗取食花丝；到灌浆初期，雌穗虫量达高峰，幼虫群集穗顶为害幼嫩籽粒及穗轴，此时有少部分幼虫发育至 3 龄以上，开始蛀茎为害，大部分幼虫仍在雌穗上为害；灌浆中期，蛀茎虫量达到高峰，雌穗虫量有所下降，叶鞘内侧的虫量开始上升；灌浆后期，蛀茎和雌穗上的虫量均有所下降，叶鞘内侧的虫量继续上升。孵化后大多集中到雌穗花丝内为害，因此收获时，桃蛀螟幼虫大多随果穗被带出田外，少量留在玉米秆上越冬。桃蛀螟幼虫在玉米雌穗上多群聚为害，同一穗上可有多头幼虫为害。其主要为害玉米雌穗的籽粒，也为害玉米的茎秆，造成植株倒折，不仅可造成直接的产量损失，也可为害穗轴，导致烂穗，同时能引起严重的穗腐病，且籽粒间混杂其排泄物，导致玉米产量和品质明显降低，造成了更大的经济损失。

2. 发生规律

桃蛀螟属鳞翅目（Lepidotera）草螟科（Crambidae）。在我国北方各省一年发生2~3代，西北地区一年3~5代，华中一年5代。均以老熟幼虫在树皮裂缝、玉米、向日葵、蓖麻等残株内结茧越冬。老熟幼虫体长22~25mm，背部体色多变，呈紫红色、淡灰色、灰褐色等，腹面多为淡绿色，头部暗褐色，各体节毛片明显，灰褐至黑褐色，背面的毛片较大，有褐色瘤点。1代幼虫于5月下旬至6月下旬先在果树上为害，2~3代幼虫在桃树和玉米、高粱、向日葵等作物上都能为害。第4代则在夏播玉米、高粱和向日葵上为害，以4代幼虫越冬，翌年越冬幼虫于4月初化蛹，4月下旬进入化蛹盛期，4月底至5月下旬羽化，越冬代成虫把卵产在桃树上。6月中旬至6月下旬一代幼虫化蛹，一代成虫于6月下旬开始出现，7月上旬进入羽化盛期，二代卵盛期跟着出现，这时春播高粱抽穗扬花，7月中旬为2代幼虫为害盛期。10月中、下旬气温下降则以4代幼虫越冬。世代重叠严重，7—10月，田间作物上均可见卵，在收获期前查虫时发现，桃蛀螟各龄期幼虫、蛹、蛹皮、卵均存在于田间，世代不整齐。

桃蛀螟成虫体长约12mm，翅展22~25mm，体色鲜黄，胸、腹及翅上均布有黑色斑块，其前翅上有25~30个后翅及体背上有19个左右类似的豹纹斑，白天及阴雨天在叶子背面等阴暗处躲藏，夜间活动，对黑光灯有较强的趋性。桃蛀螟大多在晚上羽化，羽化后2~3d即可交配，交配后即可产卵，卵方椭圆形，长径0.6mm，初产乳白色，渐变为橘黄色，孵化前为红褐色。玉米上桃蛀螟产卵的时期多分布在玉米的抽雄期、灌浆期和乳熟期，比较集中，雌蛾产卵时对植株的部位有选择性，多将卵产在玉米的雄穗和中上部叶鞘的顶端，结穗后多在花丝、叶鞘顶端等绒毛比较多的地方产卵。蛹淡褐色，长13mm，第1至第7腹节背面各有2列突起线，其上着生刺1列。

（七）甜菜夜蛾

1. 为害症状

主要以幼虫为害玉米叶片。初孵幼虫先取食卵壳，后陆续从绒毛中爬出，1~2 龄常群集在叶背面为害，吐丝、结网，在叶内取食叶肉，残留表皮而形成“烂窗纸状”破叶。3 龄以后的幼虫分散为害，严重发生时可将叶肉吃光，仅残留叶脉，甚至可将嫩叶吃光。幼虫体色多变，但以绿色为主，兼有灰褐色或黑褐色，5~6 龄的老熟幼虫体长 2cm 左右。幼虫有假死性，稍受惊吓即卷成“C”状，滚落到地面。幼虫怕强光，多在早、晚为害，阴天可全天为害。

2. 发生规律

同大豆甜菜夜蛾。

（八）蚜虫

1. 为害症状

玉米蚜虫在玉米全生育期均有为害。玉米蚜除为害玉米、小麦、水稻、高粱、大麦、谷子等粮食作物外，还可为害稗草、马唐草、狗尾草、鹅观草、牛筋草、看麦娘、狗牙根及芦苇等禾本科杂草。

玉米蚜虫在玉米植株各部位，各阶段的发生分布各异。在玉米抽雄前，聚集在心叶里繁殖为害，孕穗期群集于剑叶正反面为害，抽雄期则聚集于雄穗上繁殖为害。扬花期蚜虫数量激增，为严重为害时期。

玉米苗期蚜虫群集于叶片背部和心叶造成为害，以成、若虫刺吸植物组织汁液，导致叶片变黄或发红，随着植株生长集中在新生的叶片上，玉米新叶展开后叶片上可见蚜虫的蜕皮壳；轻者造成玉米生长不良，严重受害时，植物生长停滞，甚至死苗。到玉米成株期，蚜虫多集中在植株底部叶片的背面或叶鞘、叶舌，随着植株长高，蚜虫逐渐上移。玉米孕穗期多密集在剑叶内和叶鞘上为害，同时排泄大量蜜露，覆盖叶面上的蜜露影响光合作用，易引起霉菌寄生，被害植株长势衰落，发育不良，产量下降。抽雄后大量蚜虫向雄穗转移，蚜虫集中在雄花花萼及穗轴上，影响玉米扬花授粉，降低玉米的产量和品质；不久又转移为害雌穗。玉米蚜虫为害高峰期是在玉米孕穗期，喷药防治比较困难，影响光合作用和授粉率，造成空秆，干旱年份为害损失更大。此外，玉米蚜虫能够传播病毒病，导致玉米矮花叶病的大面积流行，使果穗变小，结实率下降，千粒重降低。

2. 发生规律

玉米蚜虫属半翅目（Hemiptera）蚜科（Aphididae）。玉米田内常见蚜虫除玉米蚜（*Rhopalosiphum maidis*）外，还包括禾谷缢管蚜（*Rhopalosiphum padi*）、荻草谷网蚜（*Macrosiphum avenae*）和麦二叉蚜（*Schizaphis graminum*）等麦类蚜虫。其中，对玉米造成重要产量影响的为玉米蚜和禾谷缢管蚜。

玉米蚜虫每年发生 8~20 代，冬季以成、若蚜在禾本科植物的心叶、叶鞘内或根际处越冬。玉米蚜虫的越冬寄主有玉米、高粱、小麦、狗尾草、芦苇等。5 月底至 6 月初玉米蚜虫产生大批有翅蚜，迁飞到玉米上为害，8 月上、中旬玉米正值抽雄散粉期，玉米蚜虫繁殖速度加快，是全年为害盛期，如果条件适宜为害持续到 9 月中、下旬玉米成熟前，到秋季再迁回越冬寄主。

玉米蚜虫发育和繁殖的适宜温度为 23~28℃，相对湿度为 60%~80%，一般 8 月中旬玉米正处于抽雄扬花期，是玉米蚜虫发生最适宜的时期，而暴雨的发生对蚜虫的生长繁殖有一定的抑制作用。气候条件适宜、食物充足、天敌数量少是玉米蚜暴发的主要原因。另外，玉米田内外的禾本科杂草也为玉米蚜在不同季节提供了广阔的生存和繁殖空间，杂草发生较重的玉米田，蚜虫为害较为严重。玉米蚜天敌主要有蜘蛛类、瓢虫类、食蚜蝇、草蛉和蚜茧蜂等，天敌数量大时可以抑制玉米蚜虫数量的增长。

（九）叶螨

1. 为害症状

玉米叶螨又名红蜘蛛，是影响玉米正常生长的一种重要害虫。主要为害玉米叶片，若螨和成螨寄生在玉米植株上，利用刺吸式口器，将口针直接刺入玉米的叶片或幼嫩组织，吸取玉米植株的叶片或幼嫩组织的汁液进行为害，使植株叶片的表皮组织受到破坏，汁液流失而失绿变成白色斑点。首先从离地近的叶片发生，然后逐渐向上为害。玉米叶螨口针十分短小，不能直接将玉米叶片刺穿。为害较轻时，叶片的正面基本上保持正常的绿色或只是出现了少量的失绿斑点；受害严重时，整个叶片发黄、皱缩、绿色消失，直至变白干枯。寄主植物在受到叶螨为害后，叶片会因为组织内部汁液流失，造成水和营养物质缺少而呈白色或黄色；而从生理层面上讲，由于叶片呈白、黄色，造成植物叶片叶绿素缺少，阻碍了植物光合作用的正常进行，使植物生长所需的营养物质无法得到正常提供，造成受害植株弱小、营养不良、抗病、虫害下降。受到叶螨为害的玉米植株，成熟后玉米籽粒秕瘦，玉米千粒重明显下降，在叶螨严重发生时造成绝收，导致玉米产量下降，影响玉米的品质和种子质量。

2. 发生规律

玉米叶螨是蜱螨目（Arachnoidea）叶螨科（Tetranychidae）害虫的总称，一年会发生 10~20 代，主要是以朱砂叶螨（*Tetrangychus cinnabarinus*）、二斑叶螨（*Tetranychus urticae*）、截形叶螨（*Tetranychus truncate*）在田间混合种群发生为害的，它们在虫体形态、发生规律和为害特点上都较为相似。2 月均温达 5~6℃时，越冬雌螨会开始活动，3—4 月先在杂草或其他为害对象上取食，4 月下旬至 5 月上中旬迁入农田，先是点片发生，而后扩散全田。6 月中旬至 7 月中旬为高发为害期，靠近村庄、果园、温室和长满杂草的向阳沟渠边的玉米田发生早且重。玉米叶螨的生长环境是高温，低湿，据调查研究分析，高温和干旱的环境有助于叶螨的发生，而低温，多降水潮湿会抑制叶螨的生长，因此，在一年四季中，冬春季节气温偏高时，有利于叶螨越冬。而在这段时间叶螨越冬的基数下，玉米生长期间的气候条件会对叶螨发生及为害程度具有决定性的影响，一般在 7—8 月是叶螨的猖獗期，由于温度较高会使叶螨繁殖速度加快，数量加速上升，但是这时期间若降水量增多会抑制叶螨的发生。在 10 月下旬会进入越冬期，而卵、幼螨和若螨会由于不能越冬而死亡，并且雌性成螨越冬场所随地区不同，在华北以雌成螨在杂草、枯枝落叶及土缝中吐丝结网潜伏越冬；在华中以各种虫态在杂草及树皮缝中越冬；在四川以雌成螨在杂草或豌豆、蚕豆作物上越冬。

玉米叶螨体形微小，从背面观呈卵圆形，一般雌成螨体长 0.4~0.6mm；体色通常呈红色或红褐色，但还有绿、黄和黑色等。经过四个发育阶段，分别是卵、幼螨、若螨和成螨，玉米叶螨有两性生殖和孤雌生殖两种生殖方式，但主要是以两性生殖为主，通常两性生殖以雌性比例较大，而孤雌生殖的后代均为雄性。通常雌螨在白天将卵产在取食寄主植物的叶脉附近，在越冬时则产在枝条或者树干的裂缝中，叶螨卵的孵化率高达80%以上。若螨蜕皮时进入不吃不动的状态，待蜕皮后才开始继续取食和活动。叶螨的发育从幼螨到成螨需要一周左右，因此在生态条件、温度及食料适宜的条件下，可迅速增长，扩大成灾。玉米叶螨具有大暴发、分布范围广、繁殖速度快等特点，如果不进行预测预报和防治，会严重为害玉米生长。干旱年份发生严重。

二、玉米主要虫害防治

（一）地下害虫

1. 农业防治

地下害虫发生为害与田间管理水平、寄主植物种植年限有密切关系。深耕晒垡可迅速降低田间金针虫和蛴螬虫口密度；大水漫灌和适时浇水可减轻为害；科学施肥（选择充分腐熟，对地下害虫有趋避作用的有机化肥）；保持田间的清洁（切断食料来源和减少产卵量），同时，休耕或轮作种植非食谱作物也能有效降低地下害虫虫口数量。

2. 物理防治

根据成虫具有较强趋光性，在成虫发生期夜间采用黑光灯、频振式杀虫灯进行诱杀，可有效诱杀蝼蛄、蛴螬、地老虎等成虫；也可利用诱蛾器加糖醋液诱杀地老虎等成虫；寄主植物蓖麻、玫瑰花和白花草木樨等也被用来诱杀金龟子成虫；小地老虎成虫利用黑光灯、糖醋液、杨树枝和性诱剂等进行诱杀，对高龄幼虫可采用人工机械进行捕杀。

3. 生物防治

主要是利用生物制剂和天敌生物来控制地下害虫。天敌生物主要包括昆虫天敌、病原线虫和病原微生物等。蛴螬的昆虫天敌以寄生蜂为主；松毛虫赤眼蜂、线虫等可用来有效控制小地老虎；苏云金芽孢杆菌对蛴螬和金针虫低龄幼虫具有明显致死作用；性诱剂也是理想的生物防治和物理防治兼顾的控害策略。

4. 化学防治

常用的施药方法有药剂拌种和包衣、毒土、翻耕施药、根部灌药等。可用

50%辛硫磷乳油按种子重量的0.2%~0.3%进行拌种；或用500g 48%毒死蜱乳油拌成毒饵，用3%辛硫磷颗粒剂撒施，防治地下害虫；或用600g/L 噻虫胺·吡虫啉悬浮种衣剂，按药种比1：200包衣。

（二）二点委夜蛾

根据二点委夜蛾的发生习性，抓住幼虫3龄前和成虫发生期两个防治关键期，针对性采取农业防治为主的综合防治措施。

1. 农业防治

（1）机械灭茬

麦收后使用灭茬机或浅旋耕灭茬后再播种玉米，可以恶化成虫产卵环境，破坏幼虫栖息场所。即可有效减轻二点委夜蛾为害，也可提高播种质量。

（2）播种沟外露

清除玉米播种沟上的麦秸、杂草等覆盖物，创造不利于二点委夜蛾接触到玉米苗的环境，同时也有助于提高化学防治效果。

2. 物理防治

利用成虫趋光性的特点，在玉米田悬挂诱虫灯，50m左右挂1盏，在成虫发生期开启诱虫灯，为了提高效果，可在灯内放性诱剂。

3. 化学防治

（1）种子处理

选用含噻虫嗪，氯虫苯甲酰胺、溴氰虫酰胺的种衣剂包衣或拌种，可降低为害。

（2）撒毒饵或毒土

将48%毒死蜱乳油500g，或40%辛硫磷乳油400g，兑少量水后放入5kg炒香的麦麸或粉碎后炒香的棉籽饼中，拌成毒饵，傍晚顺垄将其撒在玉米苗边；3龄幼虫前，可用48%毒死蜱乳油制成毒土，撒于玉米根部。

（3）喷淋或喷雾

一是播后苗前全田喷施杀虫剂，结合化学除草，在除草剂中加入高效氯氰菊酯、甲维盐、氯虫苯甲酰胺（康宽）等，杀灭二点委夜蛾成虫，兼治低龄幼虫。二是全株喷雾，选用5%氯虫苯甲酰胺悬浮剂1 000倍液对玉米2~4叶期植株进行喷雾。

（三）玉米螟

可用3%辛硫磷颗粒剂直接撒芯防治；也可将甲维盐、茚虫威（虱螨脲、虫螨腈）和高效氯氰菊酯加有机硅助剂混合，进行喷雾防治。

1. 农业防治

（1）处理越冬秸秆

在4月中旬以前将玉米秸秆粉碎处理，在堆放玉米秸秆的地方，最好在地面撒上药粉，以杀死越冬的幼虫。

（2）选育和引进抗螟高产优质玉米品种

品种的抗虫性，直接影响玉米螟为害程度、发育进度、着卵率等。

（3）机械收割

采用机械收割，可完全杀死在茎秆和穗轴内越冬的幼虫。

2. 物理防治

利用的黑光灯等诱虫灯诱杀越冬代成虫，降低基数。

3. 生物防治

（1）开展性诱

利用性诱芯或性外激素诱捕器诱杀或迷向雄蛾。

（2）保护利用天敌

玉米螟的天敌很多，卵寄生蜂有赤眼蜂、黑卵蜂；幼虫和蛹寄生蜂有黄金小蜂、姬蜂、小黄蜂、大腿蜂、青黑小蜂和寄生蝇，捕食性天敌主要有瓢虫、步行虫、食虫虻和蜘蛛等。有条件的地方可人工饲养松毛虫赤眼蜂，消灭螟卵，在6月中旬及7月下旬，放长效蜂卡两次，每亩释放1万~2万头。

（3）白僵菌封垛

在越冬幼虫化蛹前10~15d，将菌粉分层喷洒在寄主秸秆垛内，每立方米用菌粉100~150g。

（4）苏云金杆菌喷施

可在心叶末期前后，喷洒Bt乳剂，每亩用药量150mL，每亩喷施药液25L。

4. 化学防治

（1）喇叭口撒施

在玉米心叶大喇叭口期进行喇叭口撒施3%辛硫磷颗粒剂，用量2g/株。

（2）喷雾

20%氯虫苯甲酰胺5 000倍液，或3%甲维盐2 500倍液喷施，心叶期注意将药液喷到心叶丛中，穗期喷到花丝和果穗上。

（四）棉铃虫、黏虫、桃蛀螟、甜菜夜蛾

1. 农业防治

（1）秋耕深翻

玉米收获后，及时深翻耙地，集中铲除田边、地头杂草，破坏棉铃虫的越冬环境、减少繁殖场所，可大量消灭越冬蛹，提高越冬虫死亡率，压低越冬虫口基数。

（2）轮作倒茬

轮作倒茬是降低虫源的一个有效措施。

2. 物理防治

（1）杨树枝把诱杀

利用蛾类成虫对半枯萎的杨树枝把有很强的趋化性，在成虫发蛾期，插杨树枝把诱蛾，可消灭大量成虫，此方法可降低孵化率达20%左右，对减少当地虫源作用较大，是行之有效的综防措施。

（2）诱虫灯诱集成虫

利用成虫的趋光性，在成虫发生期，在田间设置黑光灯或高压汞灯诱杀棉铃虫成虫，灯距以200m为好，对天敌杀伤小，杀虫数量大。

3. 生物防治

（1）保护利用天敌

田间使用对天敌杀伤性小的低毒农药，发挥天敌的自然控制作用。主要天敌有龟纹瓢虫、红蚂蚁、叶色草蛉、中华草蛉、大草蛉、隐翅甲、姬猎蝽、微小花蝽、异须盲蝽、狼蛛、草间小黑蛛、卷叶蛛、侧纹蟹蛛、三突花蛛、蚁型狼蟹蛛、温室希蛛、黑亮腹蛛、螟黄赤眼蜂、侧沟茧蜂、齿唇姬蜂、多胚跳小蜂等。

也可以释放赤眼蜂、草蛉等商品化天敌。

（2）喷施害虫病毒液

产卵盛期喷施核多角体病毒。

4. 化学防治

防治棉铃虫、黏虫、桃蛀螟、甜菜夜蛾等，可将甲维盐、茚虫威（虱螨脲、虫螨腈）和高效氯氰菊酯加有机硅助剂混合，兑水 30~40kg，进行喷雾防治。

（五）蚜虫

1. 农业防治

农田生态系统中各因素综合协调管理，调控农作物、害虫和环境，创造一个利于作物生长而不利于蚜虫发生的农田生态环境。

（1）加强田间管理

及时清除田内外以及路边、沟边禾本科杂草、清除蚜虫滋生地，减少虫源。

（2）搞好麦田防治，减轻玉米蚜害

玉米上的蚜虫多由小麦田迁飞而来，因此防治好麦蚜，可显著减少玉米蚜虫为害。

（3）选择抗蚜品种

不同寄主及不同品种间蚜虫发生为害程度存在差异，种植抗蚜品种可以有效控制蚜虫的为害。

2. 生物防治

（1）保护利用天敌

玉米田存在大量天敌，包括瓢虫、草蛉、食蚜蝇、小花蝽、蜘蛛、蚜霉菌等。当玉米苗期天敌数量较多的情况下，尽量避免药剂防治或选用对天敌无害的农药防治。保护和释放这类天敌，可有效地控制蚜虫。

（2）植物农药防治

利用一些植物源农药防治蚜虫。

3. 化学防治

（1）种子包衣或拌种

600g/L 吡虫啉悬浮种衣剂、10%吡虫啉可湿粉、70%噻虫嗪种子处理剂等药剂包衣或拌种，均对玉米苗期蚜虫有较高的防效。

（2）喷雾防治

防治玉米蚜虫，可用10%吡虫啉可湿性粉剂2 000倍液或2.5%高效氯氰菊酯2 000~3 000倍液，进行喷雾防治。

（3）撒心

在玉米大喇叭口期，每亩用3%辛硫磷颗粒剂1.5~2kg，均匀的灌入玉米喇叭口内，兼治玉米螟。

（六）叶螨

1. 农业防治

（1）深耕土壤

种植玉米前要先平整土地，然后对土壤进行深耕细作，使地面杂草埋入地下，减少越冬代红蜘蛛卵的存活基数，从而降低第1代发生面积，有利于后期防治。

（2）科学施肥

根据土壤特性，按照玉米生长期吸收养分的情况采取配方施肥，土壤耕作前多施有机肥和磷钾肥，提高植株抗病虫害能力，同时选用抗性强的优良玉米品种。

（3）清除杂草

玉米种植后，要根据墒情及时中耕除草，为了提高玉米的产品质量，少用化学药剂除草，最好采用人工清除的办法，同时把杂草带到玉米田外集中烧毁。如果是麦茬地，最好在播种前田间普喷1遍杀虫剂，同时兼治玉米二点委夜蛾。

2. 生物防治

①红蜘蛛的天敌主要有中华草蛉、食螨瓢虫和捕食螨类等，根据调查，中华草蛉种群数量较多，喷药时尽量避开天敌繁殖期，有效利用天敌进行防治，可以培育天敌并在合适时间进行释放，达到无公害防治效果。

②利用烟碱、苦参碱、阿维菌素等生物农药喷雾防治。

3. 化学防治

防治玉米叶螨，15%哒螨灵乳油2 000倍液、73%灭螨净（炔螨特）3 000倍液进行喷雾防治。每隔 10d 喷 1 次，连续喷洒 2~3 次。

第四节　大豆主要病害及防治

大豆田间病害主要有根腐病、立枯病、炭疽病、胞囊线虫病、病毒病、紫斑病、灰斑病（褐斑病）、霜霉病、锈病、白粉病。其中，苗期病害主要有根腐病、立枯病、炭疽病、胞囊线虫病等。

一、大豆主要病害识别

（一）根腐病

1. 为害症状

根腐病是大豆的一种重要土传病害，在国内外大豆产区均有发生。是一种对大豆苗期为害较重的常发性病害，症状表现主要是主根为被害部位。连作时病害发生严重，幼株较成株感病性更强。病害侵染在幼苗至成株均可发病，以苗期、开花期发病多。根腐病在大豆整个生长发育期均可发生并造成为害，减产幅度达 25%~75%或更多，被害种子的蛋白质含量明显降低。不同的病原菌引起大豆根腐病的症状也不相同。

①镰孢霉（*Fusarium*）。为害大豆时，主要为害大豆植株皮层的维管束系统。该菌在代谢过程中通过产生毒素为害大豆，首先从根尖开始变色，主根下半部出现褐色条斑，病斑多不凹陷，以后逐渐扩大，表皮及皮层变黑坏死，有时根和茎的中下部维管束变为淡褐色，在潮湿条件下，病部表皮出现白色或粉红色霉层，部分病株还产生红色子囊壳，病株发黄变矮，根系不发达，叶片提前脱落，结荚少而且小，严重时主根下半部全部烂掉，造成整株死亡，产量和质量明显下降。

②腐霉菌（*Pythium*）。则引起根部呈现褐色的湿腐病斑，病斑呈椭圆形，略凹陷，茎基部常呈水渍状，细缩变软，迅速猝倒死亡。

③大豆疫霉菌（*Phtophthora sojae*）。在大豆的任何生育阶段都可发生。该菌能引起种子腐烂、幼苗期茎干出现油渍状斑点且叶片发黄萎蔫。成株期受侵染后

叶片自下而上逐渐变黄并很快萎蔫，植株死亡后叶片仍不脱落，近地面茎部产生黑褐色病斑，并可向上扩展至10～11节，茎的皮层及髓变褐，中空易折断，根腐烂，根系极少；病株结荚数明显减少，空荚、瘪荚较多，籽粒皱缩。绿色豆荚基部被害，最初病斑水渍状，后逐渐变褐并从荚柄向上蔓延至荚尖，最后整个豆荚变枯呈黄褐色，种子失水干瘪。高度耐病的品种在其成株期感染大豆疫霉菌后主根变色，次生根腐烂，植株不死亡，但矮化明显，叶片轻微褪绿，与缺氮或水淹后的症状相似，这些轻微症状称为隐性损害，造成的减产可高达40%，另外，大雨后叶部也可被害，在幼嫩小叶产生边缘为黄色的亮褐色病斑。

2. 发生规律

大豆根腐病系多种病原菌混合感染的根部病害，病原菌种类很多，常见的为镰孢菌类和疫霉菌类。病原菌为土壤习居菌，常潜藏在病残体内，在土壤中可存活多年，以厚垣孢子在土壤中越冬。环境适宜时，产生分生孢子进行侵染为害。也可以在种子中越冬并随种子传播。病害在田间从发病中心向四周传播的速度较慢。

大豆根腐病病原菌以伤口侵染为主，有破损或伤口的植株的侧根和茎基部很容易被其浸染，但不易通过自然孔口直接侵染植株。影响该病害发生发展的因素很多。土壤温度的影响较土壤湿度大，在适宜的温度条件下，土壤湿度愈大，病害愈重。风雨能将枯死株的残碎组织或茎基部产生的分生孢子传播到无病田，灌溉及大雨造成的流水，以及人、畜、农机具等农事活动也能传播病害。此外，播种过早、过深、重茬、迎茬、地下害虫发生严重、土壤黏重、贫瘠的地块、使用带菌肥料，氮肥施用过多，磷、钾不足的田块，管理粗放，反季节栽培等，亦容易发病。大豆根腐病病原菌在土壤中存活期极长，大豆连作年限越长，发病越重。连阴雨或大雨后骤然放晴，气温迅速升高；或时晴时雨、高温闷热天气，利于根腐病发生。

引起大豆根腐病的镰孢菌主要为尖孢镰孢菌（*Fusarium oxysporum*）和茄腐镰孢菌（*F. solani*），其中，前者为优势致病菌种。镰孢菌主要以休眠菌丝或菌核度过不良环境，春季低温、降水较多时易发病。

大豆疫霉菌易在有水沉积或湿度很大的土壤中引发大豆根腐病，该病原菌主要通过土壤、病残体及种子表皮内的卵孢子进行传播，卵孢子在植株残体和土壤内能存活多年，休眠卵孢子能在休闲病田中存活长达4年。但病原菌的菌丝、游动孢子囊和游动孢子均不能在低温下（3℃以下）存活。大豆疫霉菌最适生长温度为24~28℃，最高为35℃。在保证湿度的条件下，温度高于30℃时，大豆疫霉菌的毒性显著增强。

由腐霉菌侵染引起的大豆根腐病在中国东北及黄淮海大豆产区都有发生。这种根腐病虽不及镰孢菌引起的根腐病发生普遍，但为害性更大。腐霉菌以腐生的方式在土壤中可长期存活，其菌丝体和卵孢子可在病组织和土壤中越冬，在不良环境下主要以卵孢子越冬。高温高湿条件有利于腐霉菌引起的根腐病发生，发病部位以及附近的土壤表面有白色棉絮状菌丝体，并呈油滑状外观。而在较干燥的条件下，腐霉菌侵染植株根系和近地面幼茎部分，导致病株生长缓慢、黄化，引起出土前或出土后幼苗猝倒、根部腐烂。

（二）立枯病

1. 为害症状

大豆立枯病又称黑根病，是大豆的一种苗期重要病害，全国各地均有分布。主要侵染大豆茎基部或地下部，也侵害种子。病害严重年份，轻病田死株率在5%~10%，重病田死株率达30%以上。发病初病斑多为椭圆形或不规则形状，呈暗褐色，发病幼苗在早期是呈现白天萎蔫，夜间恢复的状态，并且病部逐渐凹陷、溢缩，甚至逐渐变为黑褐色，当病斑扩大绕茎一周时，整个植株会干枯死亡，但仍不倒伏。发病比较轻的植株仅出现褐色的凹陷病斑而不枯死。当苗床的湿度比较大时，病部可见不甚明显的淡褐色蛛丝状霉。从立枯病不产生絮状白霉、不倒伏且病程进展慢，可区别于猝倒病。

2. 发生规律

大豆立枯病病原菌为立枯丝核菌（*Rhizoctonia solani*），属半知菌亚门丝核菌属。该菌是一种不产生分生孢子，以菌丝或菌核形态存在于自然界的土壤习居菌，能在土壤中存活2~3年。病原菌以菌核在土壤中越冬，也能以菌丝体和菌核在病残体上或在种子上越冬，并可在土壤中长期营腐生生活，成为第二年的初侵染源，遇到适当的寄主时，病菌以菌丝体直接侵入，在病部产生菌丝体和菌核。种子上附着的菌丝体是最主要的初侵染来源，病残体上的菌丝体侵染的机会较少，病苗则是再侵染源。在适宜的环境条件下，从根部细胞或伤口侵入，进行侵染为害。出苗后 4~8d 的幼苗，最易被丝核菌侵染。病原在 6~36℃ 的条件下均可生长，病菌生长的适宜温度为 17~28℃，最适宜发育温度 20~24℃。当土壤温度较低以及湿度较高时，该菌易引起大豆种子和幼苗发病；高于 30℃ 或低于 12℃时，病菌生长受到抑制，植株不发病。

病菌通过雨水、流水、带菌的堆肥及农具等传播。土壤湿度偏高，土质黏重以及排水不良的低洼地，以及重茬发病重。遇到足够的水分和较高的湿度时，菌核萌发出菌丝通过雨水、灌溉水、土壤中水的流动传播蔓延。光照不足，光合作用差，植株抗病能力弱，也易发病。7—8 月，因多雨、高湿，发病重。东北、华北地区发病，较南方长江流域严重。

苗期播种过早、过密，间苗不及时，温度低，或湿度过大，都容易发生此病，且以露地发生较重。刚出土的幼苗及大苗均能受害，一般多在育苗中后期发生。苗床育苗床温较高或育苗后期易发生。

（三）炭疽病

1. 为害症状

炭疽病是大豆的一种常见病害，各生长期均能发病。幼苗发病，子叶上出现黑褐色病斑，边缘略浅，病斑扩展后常出现开裂或凹陷，气候潮湿时，子叶变水浸状，很快萎蔫、脱落。病斑可从子叶扩展到幼茎上，致病部以上枯死。幼茎上生锈色小斑点，后扩大成短条锈斑，常使幼苗折倒枯死。

成株发病，叶片染病初期，呈红褐色小点，后变黑褐色或黑色，圆形或椭圆形，中间暗绿色或浅褐色，边缘深褐色，后期病斑上生粗糙刺毛状黑点，即病菌的分生孢子盘。叶柄和茎染病后，病斑椭圆形或不规则形，灰褐色，常包围茎部，上密生黑色小点（分生孢子盘）。豆荚染病初期，初生水浸状黄褐色小点，扩大后呈褐色至黑褐色圆形或椭圆形斑，周缘稍隆起，四周常具红褐或紫色晕环，中间凹陷。湿度大时，病部长出粉红色黏质物（别于褐斑病和褐纹病），内含大量分生孢子。种子染病，出现黄褐色大小不等的凹陷斑。

2. 发生规律

大豆炭疽病的病原菌（*Glomerella glycines*）为刺盘孢菌类，属半知菌亚门真菌。病原菌主要以潜伏在种子内和附着在种子上的菌丝体越冬。播种带菌种子，幼苗染病，在子叶或幼茎上产出分生孢子，借雨水、气流、接触传播。该菌也可以菌丝体在病残体内越冬，翌春产生分生孢子，通过雨水飞溅进行侵染，进行初侵染和再侵染，分生孢子萌发后产生芽管，从伤口或直接侵入，经 4~7d 潜育出现症状，并进行再侵染。生产上苗期低温或土壤过分干燥，大豆发芽出土时间延迟，容易造成幼苗发病，成株期温暖潮湿条件利于该菌传播侵染。植株在整个生长期都能感病，特别是在大豆开花期到豆荚形成期。发病适温 25℃，病菌在 12~14℃以下或 34~35℃以上不能发育。

（四）胞囊线虫病

1. 为害症状

大豆胞囊线虫病又叫大豆根线虫病，俗称“火龙秧子”，其症状表现为苗期感病为子叶及真叶变黄，发育迟缓，植株逐渐萎缩枯死；成株感病为植株明显矮化，叶片由下向上变黄，花期延迟，花器丛生，花及嫩荚萎缩，结荚少而小，甚至不结荚，病株根系不发达，支根减少，细根增多，根瘤稀少，被害根部表皮龟裂，极易遭受其他真菌或细菌侵害而引起瘤烂，使植株提早枯死。发病初期病株根上附有白色或黄褐色如小米粒大小颗粒，此即胞囊线虫的雌性成虫。其为害主要表现在争夺植株的营养、破坏根系对营养和水分的吸收、阻滞根系的发育、降低大豆固氮菌的数量及二龄幼虫的侵入根系和成熟雌虫的膨大而撑破根表皮，增加表皮的开放度，为其他土居病原物提供侵染点，使大豆对根部病害的敏感度增加。

2. 发生规律

大豆胞囊线虫病的病原是大豆胞囊线虫（*Heterodera glycines*），属线虫门侧尾腺纲垫刃目异皮线虫科，是一种土传的定居性内寄生线虫，其特点是分布广、为害重、寄主范围宽、传播途径多、存活时间久等。雌虫主要以胞囊（内藏卵及一龄幼虫）在土壤或寄主根茬内越冬。翌年春季气温回升后，胞囊内的越冬卵便在卵壳内孵化为第一龄幼虫，蜕皮后变为二龄幼虫。二龄幼虫呈蠕虫状，体细长透明，头部较宽，尾部较长，突破卵壳进入土中寻找寄主，用口针刺破幼根表皮侵入，在寄主根部皮层营寄生生活，成为该病直接侵染源。幼虫在寄主根部经过

三、四龄幼虫期而发育成成虫。三龄幼虫呈豆荚形，雌雄虫外形无明显差异；四龄幼虫雌雄明显可辨，雌虫呈烧瓶状，白色，雄虫恢复蠕态线形，尾部有爪状交合刺；雌成虫呈黄白色，柠檬状，后期变为深褐色，雄成虫线形透明，头尾部较钝圆，尾部微向腹面弯曲，尾末有一对交合刺弯向腹面。雌成虫身体膨大，突破豆根皮层而显露出来，仅用口针吸着在寄主上，此即为根上所见的小米粒大小的白色颗粒物。雌成虫体露在大豆根外，与根外雄虫交尾。老熟雌虫体壁加厚成为胞囊，产卵于胞囊内，成熟的胞囊为柠檬形或梨形，浅褐色至深褐色，颈部和尾部有明显突出。卵呈长椭圆形、淡黄白色，大部分藏于胞囊内，少部分藏于卵囊内。

大豆胞囊线虫病为土传病害，总的趋势是土质肥沃、微酸性土壤发病轻，减产幅度小，反之则重。有机肥配合氮、磷、钾化肥及微量元素硼、锌深施，可明显减轻胞囊线虫为害。而干旱有利于大豆胞囊线虫病的发生，大豆花荚期，如干旱较严重，更能加重该病的发生。

（五）病毒病

1. 为害症状

大豆病毒病又称大豆花叶病毒病，是大豆的主要病害之一，为害大、难防治。一般年份减产15%左右，重发年份减产达90%以上，严重影响大豆的产量与品质。大豆整个生育期都能发病，叶片、花器、豆荚均可受害。轻病株叶片外形基本正常，仅叶脉颜色较深，重病株叶片皱缩，向下卷曲，出现浓绿、淡绿相间，呈波状，植株生长明显矮化，结荚数减少，荚细小，豆荚呈扁平、弯曲等畸形症状。发病大豆成熟后，豆粒明显减小，并可引起豆粒出现浅褐色斑纹。严重者有豆荚无籽粒。主要因灰飞虱和蚜虫的为害而引起，常见类型如下。

①皱缩矮化型。病株矮化，节间缩短，叶片皱缩变脆，生长缓慢，根系发育不良。生长势弱，结荚少，也多有荚无粒。

②皱缩花叶型。叶片小，皱缩、歪扭，叶脉有泡状突起，叶色黄绿相间，病叶向下弯曲。严重者呈柳叶状。

③轻花叶型。植株生长正常，叶片平展，心叶常见淡黄色斑驳。叶片不皱缩，叶脉无坏死。

④顶枯型。病株茎顶及侧枝顶芽呈红褐色或褐色，病株明显矮化，叶片皱缩，质地硬化，脆而易折，顶芽或侧枝顶芽最后变黑枯死，故称芽枯型。其开花期花芽萎蔫不结荚，结荚期表现豆荚上有圆形或无规则褐色斑块，豆荚多变为畸形。

⑤黄斑型。黄斑型病毒病多发生于结荚期，与花叶型混生。病株上的叶片产生浅黄色斑块，多为不规则形状。后期叶脉变褐，叶片不皱缩，上部叶片呈皱缩花叶状。

⑥褐斑型。该病主要表现在籽粒上。病粒种皮上出现褐色斑驳，从种脐部向外呈放射状或带状，其斑驳面积和颜色各不相同。

2. 发生规律

在自然条件下可侵染大豆的病毒有 70 多种，其中，大豆花叶病毒（Soybean mosaic virus）、烟草条斑病毒（Tobacco streak virus）、烟草环斑病毒（Tobacco ring spot virus）、大豆矮缩病毒（Soybean dwarf virus）等的为害最为严重。病毒主要吸附在豆类作物种子上越冬，也可在越冬豆科作物上或随病株残余组织遗留在田间越冬。播种带毒种子，出苗后即可发病，生长期主要通过蚜虫、飞虱传毒，植株间汁液接触及农事操作也可传播。在大豆花前期被侵染，花萼、花瓣、雌雄蕊、未成熟荚及未成熟种子均能带毒。病株成熟种子不是每荚每粒种子均带毒。种子带毒部位有种皮、胚乳、胚芽。干燥贮藏至播种时，大多种皮中病毒失活，实生病苗主要是胚芽带毒的种子。发病初期蚜虫 1 次传播范围在 2m 以内，5m 以外很少，蚜虫进入发生高峰期传毒距离增加。生产上使用了带毒率高的豆种，且介体蚜虫发生早、数量大，植株被侵染早，品种抗病性不高，播种晚时，该病易流行。遇持续高温干旱天气，或有蚜虫、飞虱发生，易使病害发生与流行。栽培管理粗放，田间地头杂草多，人为传毒、多年连作、地势低洼、缺肥缺水、氮肥施用过多的田块发病重；不同品种，对病毒病的抗性有明显差异。

大豆花叶型病毒病和黄叶型病毒病通过药剂防治能达到较好的效果，而矮化皱缩型病毒病药剂防治基本无效。

（六）紫斑病和灰斑病

紫斑病和灰斑病（褐斑病）从大豆嫩荚期开始发病，鼓粒期为发病盛期，主要为害叶片，发病严重时几乎所有叶片长满病斑，造成叶片过早脱落，可减产20%~30%，品质降低。

1. 紫斑病

（1）为害症状

大豆紫斑病可为害其叶、茎、荚与种子。以种子上的症状最明显。

苗期染病，子叶上产生褐色至赤褐色圆形斑，云纹状。真叶染病初生紫色圆形小点，散生，扩大后变成不规则形或多角形，褐色、暗褐色，边缘紫色，主要沿中脉或侧脉的两侧发生；条件适宜时，病斑汇合成不规则形大斑；病害严重时叶片发黄，湿度大时叶正反两面均产生灰色、紫黑霉状物，以背面为多。阴雨连绵、低温寡照的情况下，症状最为明显，对大豆的品质、含油量影响较大。

茎秆染病产生红褐色斑点，扩大后病斑形成长条状或梭形，严重的整个茎秆变成黑紫色，上生稀疏的灰黑色霉层。

豆荚上病斑近圆形至不规则形，与健康组织分界不明显，病斑灰黑色，病荚内层生有不规则形紫色斑，内浅外深。荚干燥后变黑色，有紫黑色霉状物。

大豆籽粒上病斑无一定形状，大小不一，多呈紫红色。病斑仅对种皮造成为害，不深入内部，症状因品种及发病时期不同而有较大差异，多呈紫色。症状较轻的，在种脐周围形成放射状淡紫色斑纹；症状较重的种皮大部变紫色，并且龟裂粗糙。籽粒上的病斑除紫色外，尚有黑色及褐色两种，籽粒干缩有裂纹。有些抗病性差的品种，严重时紫斑率达25%左右，使籽粒大部分或全部种皮变紫色，严重影响商品质量。

（2）发生规律

大豆紫斑病的病原菌为菊池尾孢（*Cemospora kikuchii*），属半知菌亚门尾孢菌属。紫斑病菌以菌丝在病粒种子及残株叶上越冬，翌年种子发芽时，侵入子叶幼苗病株及叶上所产生分生孢子，成为当年再次侵染菌源。菌丝生长发育及分生孢子萌发最适温为28℃，产生分生孢子的适温在23~27℃。大豆生育期内多雨、高温发病重，特别是大豆结荚期高温多雨，对籽粒为害重；低洼地比高岗地发病重；过于密植，通风透光不良地块发病亦重。抗病性差的品种发病率较高。

大豆紫斑病病菌由土壤及种子传播，也可气传。一般病菌着生在叶片两面，菌丝可形成较密集的褐色垫状结构，即病菌的分生孢子座。大豆紫斑病是一种种子传染的病害，到翌年种子发芽时侵入子叶，随着大豆生长，为害叶、茎、荚和籽粒。

大豆紫斑病的发生受气候条件、大豆成熟期和品种抗性的影响。紫斑病的发生与降雨和气温有很大关系，主要是由于大豆在开花期、结荚期和成熟期高温多雨引起的。如果大豆开花到结荚成熟期，气温较高，雨水过多，田间持水量达80%以上，均会导致紫斑病，尤其是鼓粒到成熟期阴雨天气会加重紫斑病的发生。抗病性差的品种发病率较高。晚熟大豆品种紫斑病发生很轻或不发病，可能是因为避开了病害发生的有利时期。

2. 灰斑病

（1）为害症状

大豆灰斑病又称褐斑病、斑点病或蛙眼病。目前大豆灰斑病已成为一种世界性病害。我国大豆灰斑病主要分布在黑龙江、吉林、辽宁、河北、山东、安徽、江苏、四川、广西、云南等大豆种植区，尤以黑龙江发病最为严重。主要为害大豆的籽粒及叶片，病原菌侵染叶片后产生中央灰褐色、边缘褐色、直径为1~5mm的蛙眼状病害斑，侵染籽粒后产生的病斑与叶部产生的病害斑相似。大豆灰斑病在叶片、茎、籽粒和豆荚上均能造成危害。病原菌侵染幼苗子叶时可产生深褐色略凹陷的圆形或半圆形病斑，当气候适宜时，则能迅速扩展蔓延至幼苗的生长点，使顶芽变褐枯死，形成中心为褐色或灰色，边缘赤褐色，圆形或不规则形病斑。与健全组织分界非常明显。当遇潮湿气候时，病斑背面因产生分生孢子及孢子梗而出现灰黑色霉层。病害严重时，叶片布满斑点，最终干枯脱落。茎部、荚部病斑与叶片部相似，种子受害轻时只产生褐色小斑点，重时形成圆形或不规则形病斑，稍凸出，中部为灰色，边缘红褐色。

（2）发生规律

大豆灰斑病的病原菌为大豆尾孢菌（*Cercospora sojina*），属半知菌亚门尾孢属。以菌丝体或分生孢子在大豆种子或病株残体上越冬。带菌种子播种后，病原菌浸染大豆子叶引起幼苗发病，在相对湿润条件下，发病子叶产生分生孢子凭借气流传播，通过叶部气孔再次侵入到大豆叶片、茎部结荚后病菌又侵染豆荚和籽粒形成危害。

大豆灰斑病菌孢子萌发的最低温度为12℃，最适温度为21~26℃，超过

35℃萌发率显著降低。湿度是影响孢子萌发的关键因素。因而降雨天数和降水量是大豆灰斑病在当年能否流行的关键性因素。田间湿度愈大，孢子萌发率愈高，大豆灰斑病发病愈严重。如果 7 月上旬至 8 月中旬雨天多、雨量大，则导致相对湿度增大，当相对湿度超过 82%以上时，大豆灰斑病发病严重；期间若干旱少雨，病害则发生轻。大豆植株种植密度过大，通风条件差，导致局部温湿度大，利于大豆灰斑病病原菌的繁殖，增大发病概率。大豆灰斑病病原菌的寄主范围窄，因此前茬作物对大豆灰斑病的发生有很大影响，若连年种植大豆会使病原菌在田间积累，如果当年种植的是感病品种，遇到高温高湿的环境条件，将会导致大豆灰斑病的大发生。该病是一种间歇性流行病害，重迎茬地和不翻耕的大豆田中的越冬菌源量大，大豆灰斑病病害发生早且严重。一般发生年份可使大豆减产 12%~15%，严重发生年份可减产 30%，个别年份可达 50%。同时灰斑病还严重影响大豆品质，灰斑病粒脂肪含量下降 2.9%，蛋白质下降 1.2%，百粒重下降 2g 左右。

（七）霜霉病

1. 为害症状

大豆霜霉病从大豆的苗期到结荚期均可发生，其中以大豆生长盛期为主要发病时期，能够为害大豆叶片、茎、豆荚及种子。种子带菌会造成系统性浸染，病苗子叶无症，幼苗的第一对真叶从叶片的基部沿叶脉开始出现褪绿斑块，沿主脉及支脉蔓延，直至全叶褪绿，复叶症状与之相同。当外界湿度较大时，感病豆株的叶片背面具有褪绿斑块处会密布大量灰白色霉层。幼苗发病，植株孱弱矮小，叶片萎缩，一般在大豆封垄后就会死亡。健康植株受病原侵染是通过病苗上的孢子囊，在叶片表面先形成散生，边缘界限不明显的褪绿点，随后扩展成不规则黄褐色病斑，潮湿时背面附有灰白色霉层。花期前后气候潮湿时，病斑背面密生灰色霉层，最后病叶变黄转褐而枯死。叶片受再侵染时，形成褪绿小斑点，以后变成褐色小点，背面产生霉层，当植株感病严重时，整个叶片干枯，脱落。病原菌侵染豆荚，外部症状不明显，豆荚内部存有大量杏黄色的卵孢子和菌丝，受侵染的种子较小，颜色发白并且没有光泽主要可造成大豆叶片早落，百粒重及种子油脂含量降低，严重影响大豆产量和品质，在严重发病地块减产能达到50%。

2. 发生规律

大豆霜霉病的病原菌为东北霜霉菌（*Peronospora manshurica*），属于鞭毛菌亚门斜尖状孢子菌属。该病在世界大豆产区均有发生，包括巴西、美国、印度以及中国等。在我国，大豆霜霉病主要集中于东北三省，山东、河南、新疆等地也均有不同程度的发生。大豆霜霉病属于系统性侵染，大豆种子带菌或田间的病残体是重要的传染源。病菌以卵孢子在病残体上或种子上越冬，种子上附着的卵孢子是最主要的初侵染源，病残体上的卵孢子侵染较弱。卵孢子可随大豆萌芽而萌发，形成孢子囊和游动孢子，侵入寄主胚轴，进入生长点，蔓延全株成为系统侵染的病苗。发病后从病斑上形成大量分生孢子，随气流或雨水传播，进行重复侵染，尤其是湿度大时，会在大豆田迅速蔓延传播。湿度是决定大豆霜霉病发生轻重的重要条件。大豆开花结荚时期，生长旺盛，叶片互相遮蔽，田间湿度大，温度在20~25℃时，有利于大豆霜霉病的发生。此外，大豆霜霉病品种间发病也有差异，易感病品种比高抗品种重；播种时间早的比播种时间晚的发病重；种植密度大的比种植密度小的发病重；靠近水源地、涝洼地比平地、岗地发病重；带菌率高的种子长出的苗为成株期发病提供大量菌源，发病严重；大豆田连作，田间越冬菌源量大，发病重。

（八）锈病

1. 为害症状

大豆锈病主要为害叶片、叶柄和茎，叶片两面均可发病，一般情况下，叶片背面病斑多于叶片正面，初生黄褐色斑，病斑扩展后叶背面稍隆起，即病菌夏孢子堆，表皮破裂后散出棕褐色粉末，即夏孢子，致叶片早枯。生育后期，在夏孢子堆四周形成黑褐色多角形稍隆起的冬孢子堆。叶柄和茎染病产生症状与叶片相似。

侵染叶片，主要侵染叶背，叶面也能侵染。最初叶片出现灰褐色小点，到夏孢子堆成熟时，病斑隆起于叶表皮层呈红褐色到紫褐色或黑褐色病斑。病斑大小在1mm左右，由一至数个孢子堆组成。孢子堆成熟时散出粉状深棕色夏孢子。干燥时呈红褐色或黄褐色。冬孢子堆的病菌在叶片上呈不规则黑褐色病斑，由于冬孢子聚生，一般病斑大于1mm。冬孢子多在发病后期，气温下降时产生，在叶上与夏孢子堆同时存在。冬孢子堆表皮不破裂，不产生孢子粉。在温度、湿度适于发病时，夏孢子多次再侵染，形成病斑密集，周围坏死组织增大，能看到被脉限制的坏死病斑。坏死病斑多时，病叶变黄，造成病理性落叶。

病菌侵染叶柄或茎秆时，形成椭圆形或棱形病斑，病斑颜色先为褐色、后变为红褐色，形成夏孢子堆后，病斑隆起，每个病斑的孢子堆数比叶片上病斑的孢子堆多，且病斑大些。多病都在1mm上。当病斑增多时，也能看到聚集在一起的大坏死斑，表皮破裂散出大量深棕色或黄褐色的夏孢子。

大豆花期后发病严重，植株一般先从下部叶片开始发病，后逐渐向上部蔓延，直至株死。病斑严重的中下部叶片枯黄，提早落叶。造成豆荚瘪粒，荚数减少，每荚粒数也减少，百粒重减轻，如早期发病几乎不能结荚，造成严重减产。

2. 发生规律

大豆锈病的病原菌为豆薯层锈菌（*Phakopsora pachyrhizi*），属担子菌亚门真菌层锈菌属。该病是热带和亚热带大豆生产的主要病害。大豆锈病菌是气传、专性寄生真菌，整个生育期内均能被侵染，开花期到鼓粒期更容易感染。病菌的夏孢子为病原传播的主要病原形态，病原菌夏孢子通过气流进行远距离传播感染寄主植物，感病的叶片、叶柄可短距离传播。病原菌夏孢子在水中才能萌发，适宜萌发温度15~26℃。24℃萌发率高，在15℃以下，27℃以上，不利于病菌的萌发与入侵。湿度是本病发生流行的决定因素，温暖多雨的天气有利于发病。在适宜于发病的温度条件，病菌孢子的萌发及侵入需要在水滴中才能完成，每天保持饱和度约7~10h，成最严重流行，雨水、雾、露是影响流行的重要条件，在内陆平原地区决定病害消长的主要是降水量和雨日数，在沿海和高原、山区、除雨水外，雾和露也起到很重要的作用。大风有利于病菌的传播。此外，种植密度过大、通风透光不好，发病就重；地下害虫，线虫多也易发病；土壤黏重、偏酸；多年重茬，田间病残体多；氮肥施用太多，生长过嫩，肥力不足、耕作粗放、杂草丛生的田块，植株抗病性下降，发病也重；肥料未充分腐熟、有机肥带菌或用易感病的种子；地势低洼积水、排水不良、土壤潮湿易发病，高温、多雨、多雾、结露易发病。

(九)白粉病

1. 为害症状

大豆白粉病主要为害叶片。该病在世界各地广泛存在，我国的河北、贵州、安徽、广东等地也有发生。病菌生于叶片两面，发病先从下部叶片开始，后向上部蔓延，初期在叶片正面覆盖有白色粉末状的小病斑，病斑圆形，具暗绿色晕圈，后期不断扩大，逐渐由白色转为灰褐色，长满白粉状菌丛，即病菌的分生孢子梗和分生孢子，后期在白色霉层上长出球形，黑褐色闭囊壳。最后叶片组织变黄，严重阻碍植株的正常生长发育。白粉菌侵染寄主后，病株光合效能减低，进而影响到大豆的品质和产量，感病品种的产量损失可达35%左右。

2. 发生规律

大豆白粉病的病原菌为蓼白粉菌（*Erysiphe polygoni*），属子囊菌亚门白粉菌属。病菌以闭囊壳里子囊孢子在病株残体上越冬，成为第二年的初侵染源。越冬后的闭囊壳春季萌发，产生子囊孢子先侵染下部叶片。所以中下部叶片比上部叶片发病重。该病易于在凉爽、湿度较大的环境出现，传播速度快，繁殖率高，可大范围发作，在降水少的季节和降水少生产地区比较常见。氮肥过多、发病重。低温干旱的生长季节发病会比较普遍。因为是一个气传病害，孢子量大，条件合适时传播很快。

二、大豆主要病害防治

(一)根腐病

1. 农业防治

(1) 选育抗（耐）病品种

根腐病菌从大豆种子发芽期到生长中后期都能侵染大豆，所以选育优良的抗（耐）病品种是防治大豆根腐病十分有效和可靠的方法。

(2) 合理耕作

实行与禾本科作物 3 年以上轮作，严禁大豆重迎茬。推广垄作栽培，有利于增温、降湿，减轻病害。及时进行中耕培土，以利于促进根系的生长发育，培育壮苗，增强其抗病力。

(3) 适时晚播

根据土壤温度回升情况确定播期，地温回升慢时要避免早播，当地温稳定通过8℃以上时可开始播种。在保证墒情的前提下，播深不要超过5cm，一般为3~4cm为宜。

(4) 及时排水，降低土壤湿度

整地时及时进行耕翻、平整细耙，改善土壤通气状态，减少田间积水。

(5) 合理施肥

增施有机肥；施用适量的磷、钾及微肥，提高大豆植株根部的抗病和耐病能力；使用多元复合液肥实施叶面追施，用以弥补根部病害吸收肥、水的不足。

2. 生物防治

生防菌可有效、持久地防治大豆根腐病，至今已发现的大豆根腐病生防菌主要为真菌、细菌和放线菌链霉菌及其他变种3大类。大豆根腐病生防真菌主要有木霉菌、酵母菌、青霉菌、毛壳菌等。

3. 化学防治

(1) 拌种或包衣

使用多·福·克、精甲·咯菌腈等包衣；也可用含有多菌灵、福美双和杀虫剂的种衣剂拌种。

(2) 喷施和灌根

发病初期使用70%甲基硫菌灵或70%代森锌可湿性粉剂500倍液，或与生根壮苗叶面肥一起喷施，有一定效果。

(二) 立枯病

大豆立枯病的防治以农业防治和药剂防治为主，使用无病种子和较抗（耐）病品种。在加强栽培管理，提高植株抗性的基础上，采用生长期喷药保护为重点的综合防治方法。

1. 农业防治

①选用抗病品种，选用无病种源，减少初侵染源。

②栽培措施。与禾本科作物实行3年轮作减少土壤带菌量，减轻发病；秋季

应深翻 25~30cm，将表土病菌和病残体翻入土壤深层腐烂分解可减少表土病菌，同时疏松土层，利于出苗；适时灌溉，雨后及时排水，防止地表湿度过大，浇水要根据土壤湿度和气温确定，严防湿度过高，时间宜在上午进行；低洼地采用垄作或高畦深沟种植，适时播种，合理密植；提倡施用酵素菌沤制的堆肥和充分腐熟的有机肥，增施磷钾肥，同时喷施新高脂膜，避免偏施氮肥；施用石灰调节土壤酸碱度，使种植大豆田块酸碱度呈微碱性。

2. 化学防治

（1）种子处理

精选良种，并用种量 0. 3%的“多菌灵+福美双”（1：1）拌种减少种子带菌率。

（2）施用石灰调节土壤酸碱度

使种植大豆田块酸碱度呈微碱性，用量每亩施生石灰 50~100kg。

（3）药剂喷施

可选用的药剂有甲霜灵·锰锌、杀毒矾、甲霜胺·锰锌、安克锰锌、普力克等。

（三）炭疽病

1. 农业防治

选用抗病品种或无病种子，保证种子不带病菌。播前精选种子，淘汰病粒。合理密植，避免施氮肥过多，提高植株抗病力。加强田间管理，及时深耕及中耕培土。雨后及时排除积水防止湿气滞留。收获后及时清除田间病株残体或实行土地深翻，减少菌源。提倡实行 3 年以上轮作。

2. 化学防治

（1）种子处理

播前用 50%多菌灵可湿性粉剂或 50%异菌脲可湿性粉剂，按种子重量 0. 4%的用量拌种，拌后闷 3~4h。也可用种子重量 0. 3%的拌种双可湿性粉剂拌种。

（2）及时施药

在大豆开花期及时喷洒药剂保护种荚不受害，可选用 50%甲基硫菌灵可湿性粉剂 600 倍液，或 50%多菌灵可湿性粉剂 600 倍液、75%代森锰锌水分散粒剂

500 倍液、25%溴菌腈可湿性粉剂 500 倍液、47%春雷氧氯铜可湿性粉剂 600 倍液等喷雾防治。

(四) 胞囊线虫病

1. 农业防治

(1) 选育和使用抗胞囊线虫大豆品种

目前我国已培育出大量抗病高产的抗大豆胞囊线虫品种。注意抗病品种轮换使用，延长抗大豆胞囊线虫病大豆品种使用年限；也可选用抗病、感病品种轮换种植，以控制新的生理小种产出。

(2) 与非寄主植物轮作

大豆胞囊线虫病严重的地块应与非寄主植物轮作 5 年以上。

(3) 加强栽培管理

增施底肥和种肥，促进大豆健壮生长，增强植株抗病力；苗期叶面喷施硼钼微肥，对增强植株抗病性也有明显效果。

(4) 合理灌溉

土壤干旱有利于大豆胞囊线虫为害，适时灌水，增加土壤湿度，可减轻为害。在大豆苗期及时喷灌，提高土壤湿度，抑制线虫孵化侵入。

2. 生物防治

可以使用 4 000IU/mg 苏云金杆菌悬浮种衣剂，或生物种衣剂 SN101 按 1∶70（药种比）进行包衣。

3. 药剂防治

①用 35%多 · 福 · 克悬浮种衣剂，或者用 20. 5%多 · 福 · 甲维盐悬浮种衣剂进行包衣，药种比为 1∶70。兼治根腐病。

②可用 5%丁硫 · 毒死蜱颗粒剂按 5kg/亩、10%噻唑膦颗粒剂按 2kg/亩，拌土撒施，施在播种沟里，可防治线虫，兼治地下害虫等。

(五) 病毒病

1. 农业防治

①选用抗病品种，如‘中黄 13’‘中黄 20’‘齐黄 34’等品种。选用无病毒种粒。

②适期播种是防治的关键。播种过早的田块发病较重。

③加强肥水管理，培育健壮植株，增强抗病能力。

④合理轮作。尽量避免重茬，采取玉米和大豆轮作，可减轻病害。

2. 物理防治

定苗时及时发现和拔除病株。

3. 药剂防治

（1）防病先治虫

及时防治蚜虫和飞虱，减少传毒介体，切断传播途径，防止和减少病毒的侵染。药剂可选用吡虫啉、啶虫脒、噻虫嗪等杀虫剂进行喷雾防治。

（2）选择适宜药剂

可用20%盐酸吗啉胍可湿性粉剂500倍液，或20%吗胍·乙酸铜可湿性粉剂（盐酸吗啉胍10%+乙酸铜10%）200倍液，或0.5%香菇多糖水剂300倍液，在发病初期进行喷雾防治，7~10d喷洒1次，连续喷洒2~3次。

（六）紫斑病和灰斑病

大豆紫斑病和灰斑病主要由真菌引起，选用抗病品种是防治这两种病害最有效的方法。培育壮苗，加强田间管理，切断传播途径，预防和治疗相结合，可有效地减轻和防治大豆紫斑病和灰斑病。

1. 农业防治

（1）精选良种

防治这两种病害首先要做好选种工作，选用抗病性好的优良品种，清除带病斑的种子。或选用早熟品种，有明显的避病作用。

（2）科学管理

播前精细整地，深耕深翻，适时播种；合理密植，避免重茬；收获后及早清除田间病残株叶，带出田外深埋或烧毁，销毁病株；土地深耕深翻，加速病残体的腐烂分解，减少病源；可与非大豆类作物隔年轮作，以减少田间病菌来源；其次要适时浇水，遇旱浇水，注意清沟排湿，防止田间湿度过大。最后要及时防治病虫草害。

2. 药剂防治

（1）种子处理

播种前可用35%的多·福·克种衣剂包衣或福美双拌种；或用80%乙蒜素乳油5 000倍液浸种。

（2）及时防治

在发病初期，选用50%乙霉·多菌灵可湿性粉剂1 000倍液，或70%甲基硫菌灵可湿性粉剂800倍液，或25%吡唑醚菌酯乳油1 000倍，进行喷雾防治，一般喷药液量为60~80kg/亩，每隔7~10d防治1次，连续防治2~3次。

（七）霜霉病

1. 农业防治

①选用高抗霜霉病的大豆品种。

②调整种植方式。大豆与玉米间作种植方式能够显著降低大豆霜霉病的发病率和病情指数，分别较大豆单作模式降低31. 2%和47. 5%。

③加强田间的栽培管理。提倡实行至少2年以上轮作，并且秋收后及时进行秋翻地，减少初侵染源。根据不同品种合理密植，做到肥地宜稀，薄地宜密，并及时中耕除草，使田间通风透光，及时排除豆田积水，降低田间湿度，创造不利于大豆霜霉病的发病条件。

2. 药剂防治

（1）拌种或包衣

可使用不同含量多·福·克大豆悬浮种衣剂包衣，或使用35%甲霜灵可湿性粉剂拌种。

（2）发病初期开始喷药

可选用50%多菌灵可湿性粉剂1 000倍液，或用65%代森锌可湿性粉剂500倍液，或用72%锰锌·霜脲可湿性粉剂800倍液，或用58%甲霜灵·锰锌可湿性粉剂600倍液，或用69%烯酰·锰锌可湿性粉剂900倍液，进行喷雾防治。

（八）锈病

1. 农业防治

①选用抗病品种。

②清除田间及四周杂草，深翻地灭茬、晒土，促使病残体分解，减少病源。

③出苗后进行中耕除草，一方面增加土壤透气性，使植株生长健壮；另一方面使田间通风透光，降低田间湿度。

④和非本科作物轮作，水旱轮作最好。

⑤选用排灌方便的田块。开好排水沟，降低地下水位，达到雨停无积水；大雨过后及时清理沟系，防止湿气滞留，降低田间湿度，这是防病的重要措施。

⑥合理施肥。施用酵素菌沤制的堆肥或腐熟的有机肥，不用带菌肥料，施用的有机肥不得含有豆科作物病残体。适当增施磷钾肥，加强田间管理，培育壮苗，达到“冬壮、早发、早熟”，增强植株抗病力，有利于减轻病害。

2. 药剂防治

在花期或花前期喷施化学药剂可以有效地控制锈病的发展。可用15%三唑酮1 500倍液、70%甲基硫菌灵粉剂800倍液、25%嘧菌酯悬浮剂800倍液进行喷雾防治，隔7d喷1次，连续喷洒2~3次。此外，百菌清、戊唑醇、嘧啶核苷类抗生素、萎锈灵和代森锌等，均为控制锈病的良好药剂，都具有显著的防治效果。

（九）白粉病

1. 农业防治

选用抗病品种。收获后及时清除病残体，集中深埋或烧毁。加强田间管理，培育壮苗。合理施肥浇水，增施磷钾肥，控制氮肥。

2. 药剂防治

当病叶率达到10%时，可用2%嘧啶核苷类抗生素水剂300倍液，75%百菌清可湿性粉剂500倍液，50%多菌灵800倍液，15%三唑酮乳油800~1 000倍液进行喷雾防治，每隔7~10d喷1次，兑水60~80kg进行喷雾防治，连续防治2~3次。

第五节 玉米主要病害及防治

玉米主要病害有大小斑病、褐斑病、弯孢叶斑病、灰斑病、粗缩病、茎腐病、丝黑穗病等。

一、玉米主要病害识别

（一）大斑病

1. 为害症状

玉米大斑病又名玉米条斑病、玉米煤纹病、玉米斑病、玉米枯叶病，主要为害玉米叶片，具有很广的分布范围，严重损害了玉米产量和品质。在发病过程中主要侵害叶片，严重时叶鞘和苞叶也可受害，一般先从植株底部叶片开始发生，逐渐向上蔓延，但也常有从植株中上部叶片开始发病的情况。发病初期在玉米叶子上形成橄榄灰色水滴状的微小病斑，然后沿叶脉向两端扩展，斑点也会越来越大，叶片上形成大型梭状纺锤形的病斑，一般长5~10cm，宽1cm左右。当病情扩大到最严峻时多个病斑重叠在一起，单个病斑长度超过15cm，总长度会超过60cm。病斑青灰色至黄褐色，但病斑的大小、形状、颜色因品种抗病性不同而异。在感病品种上，病斑大而多，斑面现明显的黑色霉层病征，严重时病斑相互连合成更大斑块，使叶片枯死。在抗病品种上，病斑小而少，或产生褪绿病斑，外具黄色晕圈，其扩展受到一定限制。

在雨季及潮湿的天气下玉米大斑病也会出现灰黑色的霉层，严重时病斑融合，造成整个叶片枯死。玉米大斑病横行的年份，大面积玉米叶片枯萎，使玉米的生长发育受到严重影响。玉米果实秃尖，灌浆差籽粒干瘪，千粒重下降，使其品质和产量下降。严重时玉米的产量会减少50%以上。在20世纪初，玉米大斑病在美国大面积暴发，造成玉米每公顷减产4t以上。

2. 发生规律

玉米大斑病的病原菌为大斑突脐孢菌（*Exserohilum turcicum*），属半知菌亚门突脐蠕孢菌属。病原菌可以利用残留的分生孢子或菌丝在寄主上休眠越冬。它的侵染能力非常强，玉米种子或堆肥中的病原菌也能越冬，在下一年侵染玉米。在越冬期间，病原菌会产生原生质体浓缩，孢子壁增厚等现象。有多个分生孢子，每个分生孢子又可以形成多个厚壁孢子。这种厚壁孢子有很强的生存能力。在玉米的生长期内，越冬的菌源产生孢子，随着气流、雨水传播到玉米叶片上，在合适的温度和湿度条件下就容易诱发玉米大斑病，玉米叶片一旦感染大斑病，病菌就会快速地扩散，会导致玉米叶出现局部萎蔫，会大大影响玉米的生长和发育。玉米大斑病没有特定的发病期，通常在玉米苗期不会发病，随着玉米的生长发育病情逐渐加重，在玉米的生长期内很容易扩散。温度20～25℃、相对湿度90%以上利于病害发展。气温高于25℃或低于15℃，相对湿度小于60%，持续几天，病害的发展就受到抑制。在春玉米区，从拔节到出穗期间，气温适宜，又遇连续阴雨天，病害发展迅速，易大流行。玉米孕穗、出穗期间氮肥不足发病较重。低洼地、密度过大、连作地易发病。

（二）小斑病

1. 为害症状

玉米小斑病又称玉米斑点病。为我国玉米产区重要病害之一，在黄河流域和长江流域的温暖潮湿地区发生普遍而严重。玉米整个生育期均可发病，但以抽雄、灌浆期发生较多。主要为害叶片，有时也可为害叶鞘、苞叶和果穗。常和大斑病同时出现或混合侵染。苗期染病，初在叶片上出现半透明水渍状褐色小斑点，后扩大为（5～16）mm×（2～4）mm大小的椭圆形褐色病斑，边缘赤褐色，轮廓清楚，上有二三层同心轮纹，病斑进一步发展时，内部略褪色，后渐变为暗褐色，多时融合在一起，叶片迅速死亡。在感病品种上，病斑为椭圆形或纺锤形，较大，不受叶脉限制，灰色至黄褐色，病斑边缘褐色或边缘不明显，后期略有轮纹。在抗病品种上，出现黄褐色坏死小斑点，有黄色晕圈，表面霉层很少。在一般品种上，多在叶脉间产生椭圆形或近长方形斑，黄褐色，边缘有紫色或红色晕纹圈；多数病斑连片，病叶变黄枯死。叶鞘和苞叶染病病斑较大，纺锤形，黄褐色，边缘紫色不明显，病部长有灰黑色霉层，即病原菌分生孢子梗和分生孢子。果穗染病病部生不规则的灰黑色霉区，严重的果穗腐烂，种子发黑霉变。在田间，最初在植株下部叶片发病，向周围植株传播扩散（水平扩展），病株率达一定数量后，向植株上部叶片扩展（垂直扩展）。天气潮湿时，病斑上生出暗黑色霉状物（分生孢子盘）。叶片被害后，使叶绿组织受损，影响光合机能，导致减产。自然条件下，还侵染高粱。在夏玉米产区发生严重，一般造成减产15%～

20%，减产严重的达50%以上，甚至无收。

2. 发生规律

玉米小斑病的病原菌为玉蜀黍平脐蠕孢菌（*Bipolaris maydis*），属半知菌亚门类平脐蠕孢属。主要以休眠菌丝体和分生孢子在病残体上越冬，成为翌年发病初侵染源。带菌种子也可导致幼苗发病。引种带病种子，有可能引入致病力强的小种而造成损失。越冬病原菌产生大量分生孢子，分生孢子借风雨、气流传播到玉米植株上，如遇田间湿度较大或重雾，叶面上结有游离水滴存在时，分生孢子4~8h即萌发产生芽管侵入到叶表皮细胞里，3~4d即可形成病斑。经5~7d即可重新产生新的分生孢子，借气流传播，进行再侵染，这样经过多次反复再侵染造成病害流行。玉米收获后，病原菌又随病株残体进入越冬阶段。发病适宜温度26~29℃，产生孢子最适温度23~25℃。遇充足水分或高温条件，病情迅速扩展。玉米孕穗、抽穗期降水多、湿度高，容易造成小斑病的流行。低洼地、过于密植荫蔽地；连作田发病较重。一般抗病力弱的品种，生长期中露日多、露期长、露温高、田间闷热潮湿以及地势低洼、施肥不足等情况下，发病较重。

（三）褐斑病

1. 为害症状

玉米褐斑病是近年来在我国发生严重且较快的一种玉米病害。该病害在全国各玉米产区均有发生，其中在河北、山东、河南、安徽、江苏等省为害较重。该病主要发生在玉米叶片、叶鞘及茎秆，先在顶部叶片的尖端发生，以叶和叶鞘交接处病斑最多，常密集成行，最初为黄褐或红褐色小斑点，病斑为圆形或椭圆形到线形，隆起附近的叶组织常呈红色，小病斑常汇集在一起，严重时叶片上出现几段甚至全部布满病斑，在叶鞘上和叶脉上出现较大的褐色斑点，发病后期病斑表皮破裂，叶细胞组织呈坏死状，散出褐色粉末（病原菌的孢子囊），病叶局部散裂，叶脉和维管束残存如丝状。茎上病斑多发生于节的附近。严重影响叶片的光合作用，而这时玉米正值抽穗期和乳熟期，造成玉米的减产。

玉米褐斑病的田间表现主要有两个特征：一是发病部位的多样性，可以由植株下部叶片开始发病，逐渐向上扩展，也可以由植株中部叶片开始发病，多数情况下是由下部叶开始发病。二是病斑分布具有区分于其他玉米病害的典型特征，即玉米褐斑病的病斑在叶片呈条段式分布。

2. 发生规律

玉米褐斑病的病原菌为玉蜀黍节壶菌（*Physoderma maydis*），属鞭毛菌亚门节壶菌属。是玉米上的一种专性寄生菌，寄生在薄壁细胞内。病菌以休眠孢子（囊）在土地或病残体中越冬，休眠孢子囊壁厚，近圆形至卵圆形或球形，黄褐色，略扁平，有囊盖。第二年病菌靠气流、雨水传播到玉米植株上，遇到合适条件萌发产生大量的游动孢子，游动孢子在叶片表面上水滴中游动，并形成侵染丝，侵害玉米的嫩组织。

7—8 月会出现高温高湿的气候条件，这种条件有利于玉米褐斑病休眠孢子囊的萌发，造成玉米褐斑病的大发生；另外土壤肥力也是决定该病害发生程度的重要因素，调查显示，土壤贫瘠地块病害发生程度远大于肥力较好的地块；低洼地、连作地发病重。玉米 5～8 片叶期，土壤肥力不够，玉米叶色变黄，出现脱肥现象，玉米抗病性降低，是发生褐斑病的主要原因。玉米 8 叶期为该病害显症期，开花期以后可以一直侵染至穗位叶以上，一般为 10～12 叶，玉米 12 片叶以后一般不会再发生此病害。

（四）弯孢霉叶斑病

1. 为害症状

玉米弯孢霉叶斑病又称黄斑病、拟眼斑病或黑霉病，近年来在我国东北、华北发生较多，呈上升趋势。如不注意防治，影响光合作用，从而降低玉米产量。弯孢霉菌的寄生范围较广，可寄生玉米、高粱、水稻、小麦、番茄、辣椒及一些禾本科杂草。该菌主要为害叶片，也可为害叶鞘和苞叶。弯孢菌侵入叶片，使细胞器解体，细胞发生病变坏死，形成胞内菌丝。典型病斑为初生褪绿小斑点，逐渐扩展为圆形至椭圆形褪绿透明斑，1～2mm 大小，中间枯白色至黄褐色，边缘暗褐色，四周有浅黄色晕圈，大小（0.5～4）mm×（0.5～2）mm，大的可达 7mm×3mm。湿度大时，病斑正背两面均可产生灰黑色霉层，即分生孢子梗和分生孢子。发病严重时，影响光合作用，玉米籽粒瘦瘪，千粒重下降，降低玉米产量。该病症状变异较大，在有些自交系和杂交种上只生一些白色或褐色小点。可分为抗病型、中间型、感病型。抗病型病斑小，圆形、椭圆形或不规则形，中间灰白色至浅褐色，边缘外围具狭细半透明晕圈。中间型形状无异，中央灰白色或淡褐色，边缘具褐色环带，外围褪绿晕圈明显。

2. 发生规律

玉米弯孢霉叶斑病的病原菌主要为新月弯孢菌（*Curvularia lunata*），属半知菌亚门弯孢霉属。病菌以分生孢子和菌丝体在土壤中、植株的病残体和病秸秆上越冬。翌年分生孢子在适宜条件下被传到玉米植株上，侵入体内引起初侵染；发病后病部产生的大量分生孢子经风雨、气流传播又可引起多次再侵染。分生孢子萌发的温度范围在 8~40℃，最适在 28~32℃，分生孢子萌发要求高湿度。7—8 月高温、高湿、多雨的气候条件有利于该病的发生流行，7~10d 即可完成一次侵染循环，病菌可随风雨传播，短期内侵染源急剧增加，在田间形成病害流行高峰期。生产上品种间抗病性差异明显。但由于受生态因子的影响，各地在病害发生的始发期、进入高峰期的时间以及发病严重程度上都有一定的差异。涝洼地、连作田，施未腐熟的带菌有机肥发病较重。

影响玉米弯孢霉叶斑病流行的因素主要包括田间菌源积累量、气候因素、耕作制度和栽培技术等。玉米弯孢霉菌源量是病害发生的内因，秋翻地不及时，地里残留带病菌的植株、残叶，以及农户家翌年春播时还存有大量玉米秸秆，是翌年发病的初发菌源。气候因素影响发病的严重程度。玉米弯孢霉叶斑病的发生程度与 7—8 月的气候条件密切相关。现在主栽的玉米品种绝大多数是感病和高感病，高抗品种很少，不存在抗病品种，这就对该病的大发生创造了条件。玉米大面积连作，造成田间病残体多，增加了菌源数量。栽培管理粗放也是造成玉米弯孢霉叶斑病发生流行的主要原因：有机肥施用量少，偏施化肥，氮、磷、钾及微量元素失调；播种量大，植株密度大，田间郁闭，通风透光条件差，湿度增加，光照不足，降低了玉米植株的抗病性，有利病害发生流行。

（五）灰斑病

1. 为害症状

玉米灰斑病又称尾孢叶斑病、玉米霉斑病，在我国玉米各产区均有发生，近年发病呈上升趋势，为害严重。该病主要为害叶片，先侵染每株玉米的脚叶，由下往上发生为害和蔓延。发病初期病斑椭圆形至矩圆形，无明显边缘，灰色至浅褐色病斑，后期变为褐色。病斑多限于平行叶脉之间，大小（4~20）mm×（2~5）mm。湿度大时，病斑背面长出灰色霉状物。发病重时，叶片大部变黄枯焦，果穗下垂，籽粒松脱干瘪，百粒重下降，严重影响其产量和品质。

2. 发生规律

玉米灰斑病的病原菌为玉蜀黍尾孢菌（*Cercospora zeae-maydis*）属半知菌亚门尾孢属。病原菌主要以子座或菌丝随病残体越冬，成为翌年初侵染源。以后病斑上产生分生孢子进行重复侵染，不断扩展蔓延。植株开始发病部位为下部衰老叶片，随着叶片逐渐成熟衰老，病原菌侵染也随之逐渐向上部叶片扩展，然后在株间传播，进行重复侵染。病原菌在干燥的条件下能够在病残体上安全越冬，但在潮湿的地表层下的病残体不能越冬。在北方地区，一般7—8月多雨的年份易发病。病害传播很快，一个病害侵染循环周期大约10d。当年夏季如果降雨量大、降雨早、空气相对湿度大，则病害发生早，否则发病晚，发病时间要推迟7~10d。随着时间的推移，病情指数不断上升，8月中旬病情增长速度显著，是病害发生的关键时期。

高温多雨，相对湿度高天数多的季节发病严重。种植密度高、不透风、湿度大会加快病害的传播，增大风险。玉米连茬则病害发生的风险高。种植感病品种增加风险。如果病害在玉米生长的早期发生，后期病害流行的风险增加。个别地块可导致大量叶片干枯。品种间抗病性有差异。播期、种植密度、地势、肥料对玉米灰斑病的影响不大。

（六）粗缩病

1. 为害症状

玉米整个生育期都可感染发病，以苗期受害最重。在玉米5~6片叶即可显症，心叶不易抽出且变小，可作为早期诊断的依据。开始在心叶基部及中脉两侧产生透明的油浸状褪绿虚线条点，逐渐扩及整个叶片。病株叶片宽短僵直，叶色浓绿，节间粗短，顶叶簇生状如君子兰。叶背、叶鞘及苞叶的叶脉上具有粗细不一的蜡白色条状突起，有明显的粗糙感。9~10叶期，病株矮化现象更为明显，上部节间短缩粗肿，顶部叶片簇生，病株高度不到健株一半，多数不能抽穗结实，个别雄穗虽能抽出，但分枝极少，没有花粉。果穗畸形，花丝极少，植株严重矮化，雄穗退化，雌穗畸形，严重时不能结实。玉米粗缩病的危害表现在不但降低株高显著，而且降低玉米的经济产量。玉米果穗的长度、穗粒数、单株的籽粒产量等都将随病级的加重而减少。随着粗缩病病株率的增加，玉米产量跟着降低。

2. 发生规律

我国大部分地区玉米粗缩病病原是水稻黑条矮缩病毒（RBSDV），属呼肠孤病毒科斐济病毒属。玉米粗缩病通常不能通过土壤、种子和接触性传播，也不能经过嫁接、汁液摩擦、蚜虫和叶蝉传染，只能通过灰飞虱和白背飞虱传播。病毒借昆虫传播，主要传毒昆虫为灰飞虱，属持久性传毒。潜育期15~20d。还可侵染小麦（引起绿矮病）、燕麦、谷子、高粱、稗草等。

我国北方，粗缩病病毒在冬小麦及其他杂草寄主越冬。也可在传毒昆虫体内越冬。灰飞虱若虫或成虫在地边杂草下和田内麦苗下等处越冬，为翌年初侵染源。春季带毒的灰飞虱将病毒传播到返青的小麦上，致使小麦发生绿矮病，成为玉米粗缩病病毒的主要来源。以后由小麦和地边杂草等处再传到玉米上。5—6月随着小麦成熟收割后，带毒的飞虱陆续转移至附近的春、夏播玉米田传毒为害，这时候玉米正处在苗期，很容易感染病毒，造成玉米粗缩病的暴发。在5月中旬至6月初平均气温20~25℃，适于飞虱活动，田间飞虱种群数量达到高峰，这一时期播种的玉米发病率也最高。虽然玉米是玉米粗缩病毒的良好寄主，但却不是玉米粗缩病毒传播介体的主要寄主，所以发病的玉米不会成为冬小麦的主要侵染源，而田间的禾本科杂草，尤其是马唐和稗草可自然感病，成为秋播冬小麦苗期的有效侵染源。小麦出苗以后，带毒的灰飞虱迁移至小麦田，至此灰飞虱侵染农作物和杂草形成了周年侵染循环。玉米粗缩病毒在灰飞虱体内可增殖和越冬，但不能经卵传给下一代，因此带毒灰飞虱为害的秋播小麦和田边杂草，带毒越冬的灰飞虱成虫和若虫都是次年病害发生的有效毒源。

玉米5叶期以前易感病，10叶期以后抗性增强，即便受侵染发病也轻。玉米出苗至5叶期如果与传毒昆虫迁飞高峰相遇，发病严重，所以玉米播期和发病轻重关系密切。此病发生很大程度上取决于灰飞虱田间数量和带毒个体的多少，并且与栽培条件有关，早播玉米发病重于晚播玉米，靠近地头、渠边、路旁杂草多的玉米发病重，靠近菜田等潮湿而杂草多的玉米发病重，不同品种之间发病程度有一定差异。

（七）茎腐病

1. 为害症状

玉米茎腐病又称青枯病，在我国玉米各产区均有发生，是一种重要的土传病害。在玉米灌浆期开始根系发病，乳熟后期至蜡熟期为发病高峰期。从始见青枯病叶到全株枯萎，一般 5~7d。发病快的仅需 1~3d，长的可持续 15d 以上。玉米茎腐病在乳熟后期，常突然成片萎蔫死亡，因枯死植株呈青绿色，故称青枯病。先从根部受害，最初病菌在毛根上产生水渍状淡褐色病变，逐渐扩大至次生根，直到整个根系呈褐色腐烂，最后粗须根变成空心。根的皮层易剥离，松脱，须根和根毛减少，整个根部易拔出。逐渐向茎基部扩展蔓延，茎基部 1~2 节处开始出现水渍状梭形或长椭圆形病斑，随后很快变软下陷，内部空松，一掐即瘪，手感明显。节间变淡褐色，果穗苞叶青干，穗柄柔韧，果穗下垂，不易掰离，穗轴柔软，籽粒干瘪，千粒重、穗粒重、穗长和行粒数降低，脱粒困难。叶片症状有青枯、黄枯和青黄枯 3 种。如在发病期遇到雨后高温，蒸腾作用较大，因根系及茎基受病害，使水分吸收运输功能减弱，从而导致植株叶片迅速枯死，全株呈青枯症状。如发病期没有明显雨后高温，蒸腾作用缓慢，在水分供应不足情况下叶片由下而上缓慢失水，逐步枯死，呈黄枯症状。如病程发展速度突然由慢转快则表现青黄枯。

2. 发生规律

茎基腐病是由多种病原菌单独或复合侵染造成根系和茎基腐烂的一类病害，导致该病害的病原菌有很多种，按侵染源的不同可将其分为细菌性茎腐病与真菌性茎腐病。我国以真菌性茎腐病为主，常见的病原菌包括以下两大类。半知菌亚门镰孢菌包括拟轮枝镰孢（*Fusarium verticillioides*）、尖孢镰孢（*F. oxysporum*）、禾谷镰孢复合种（*F. graminearum* species complex）等；鞭毛菌亚门腐霉菌包括禾生腐霉（*Pythium graminicola*）、芒孢腐霉（*P. aristosporum*）、肿囊腐霉（*P. inflatum*）等。病菌可在土壤中病残体上越冬。病原菌主要分布在土壤、病株体内外，属于典型的土传病害。带菌种子、病株残体、病田土壤均携带有相关致病菌。越冬病菌一般会在玉米播种后至抽雄吐丝这一时间段侵袭根部，并逐步侵袭整个植株。高温、高湿的环境最合适相关病菌生长，因此，也最容易发生病害，特别是玉米灌浆到成熟期。腐霉菌最适的生长温度在23~25℃，镰孢菌最适的生长温度在25~26℃。与镰孢菌相比，腐霉菌在土壤中的生长湿度条件要求更高。连作年限越久，土中所积累的病原菌也越多，发病也越严重。越冬后存活的病原菌会继续为害玉米，一般通过风雨、昆虫、机械、灌溉水等途径在田间传播。玉米株高60cm时组织柔嫩易发病，害虫为害造成的伤口利于病菌侵入。此外害虫携带病菌同时起到传播和接种的作用，如玉米螟、棉铃虫等虫口数量大则发病重。病害的发生与其他叶部病害的发生关系很大，如锈病重，茎腐会严重。对于同一生态区的病原菌，其分离频率在年度、区域方面有明显的区别；对于不同生态区来说，病原菌分离频率也有所不同。比如，多雨的地方病原菌以腐霉菌为主，干旱的地方以镰孢菌为主。

（八）丝黑穗病

1. 为害症状

玉米丝黑穗病又称乌米、哑玉米，在华北、东北、华中、西南、华南和西北地区普遍发生，以北方春玉米区、西南丘陵山地玉米区和西北玉米区发病较重。一般年份发病率在2%~8%，个别地块达60%~70%，损失惨重。病菌主要侵害雌穗和雄穗，多数病株果穗较短，基部粗，顶端尖，近球形。不吐花丝，除苞叶外，整个果穗变成一个黑粉包。后期有些苞叶破裂，散出黑粉。黑粉一般凝结成团，内部杂有丝状物，因此称丝黑穗病。也有少数病株，受害的整个果穗畸形，呈刺猬头状。大多数病雄穗仍保持原有的穗形，仅个别小穗受害变成黑粉包。也有个别整个雄穗受害变成一个大黑包。

丝黑穗病一般到穗期方显症状，但有些病株在生长前期即有异常现象，尤其是为害严重的幼苗症状表现明显，如在4~5叶上产生1至数条黄白条纹；植株节间缩短，茎秆基部膨大，下粗上细，叶色暗绿，叶片变硬变厚，上挺如笋状。有时分蘖稍有增多，或病株稍向一侧弯曲。雄穗染病后，有的整个花序被破坏变黑；有的花器变形增长，颖片增多，延长；有的部分花序被害，雄花变成黑粉，不能形成雄蕊。有少数受害雌穗苞叶变成丛生细长的畸形小叶状，黑粉极少，也没有明显的黑丝。病株受害较早的一般雌、雄穗均遭为害，受害较晚的雌穗发病而雄穗正常。此外，发病的植株大多矮化，一般情况下黑粉物只生于生殖器官而不生于营养器官。

2. 发生规律

玉米丝黑穗病病原为丝孢堆黑粉菌（*Sporisorium reilianum*），属担子菌亚门孢堆黑粉菌属。该菌以冬孢子在田地土壤里越冬为主，少数依附在种子的表面或混入粪肥越冬。初次侵染的来源主要是土壤带菌，病菌能远距离传播是因为种子带菌。玉米播种后，越冬的厚垣孢子与玉米种子同时开始发芽，直到玉米 5 叶期均可侵染。该菌属系统侵染，其侵染部位为玉米幼根和幼芽，以胚芽侵染为主。在胚芽上，中胚轴的侵染高于胚芽鞘。分生区为各器官的有效侵染点。

冬孢子在萌发时会产生担孢子具有分隔，而后从胚根或胚芽侵入，立刻蔓延到茎部沿着生长点繁殖。随玉米植株一起生长发育，花芽开始分化时则蔓延进入花器原始体，侵入雄穗与雌穗，造成少数病株雄穗无病而雌穗发病的现象是因为玉米的生长锥生长速度快，而菌丝扩展的较慢，不能侵入茎部的生长点。玉米抽穗后在穗部形成大量黑粉，成为丝黑穗。该病没有再侵染。在玉米的雌穗吐丝期冬孢子开始成熟，并会大量地掉到土壤里，少数会落到种子上。

冬孢子对玉米幼苗侵染的最适温度为 21~28℃，较低或中等土壤含水量。而且冬孢子的萌发无须生理休眠后熟过程，其离体干藏的菌粉侵染力可持续保持在 5 年以上；在土壤中生活力为 3~5 年，至第 3 年仍可致病。侵染水平与土壤中冬孢子的数量有关。根据其病菌的传播途径和侵染特点，一般来说，玉米重茬的时间越长，播期越早发病越重；所以夏播玉米最轻，套播玉米次之，春播玉米最重。此外，冷凉的地块和墒情差的地块发病较重。

二、玉米主要病害防治

（一）大小斑病、褐斑病、弯孢叶斑病、灰斑病

在玉米的种植和栽培中，要充分坚持因地制宜的原则，根据田间的自然环境

以及气候条件进行科学选种和播种，同时也要对田间的温度和湿度进行有效控制，以此来有效防治玉米叶斑病。

1. 农业防治

（1）积极利用和推广抗病性强的品种

玉米抗病性是影响叶斑病的重要因素，在选种和种植的过程中要选择抗病性强的玉米品种，有效控制玉米种子的品质，在种植之前也要对种子进行科学的处理。

（2）改善玉米种植环境

大豆玉米间作种植对玉米叶斑病有控制作用，既可改变单一品种种植的空间格局，延缓病害的发生和传播速度，又可提高作物对光照、温度的利用效率，提高单位面积产量。

2. 药剂防治

①利用种子包衣以及浸种的方式来提升玉米的抗性。

②结合当地气候条件和植株生长状况，密切关注田间发病情况，遇有连雨、寡照、多雾的不良天气，田间出现中心病株，应及时进行药剂防治。发病初期，可用50%甲基硫菌灵可湿性粉剂 1 000倍液、45%代森铵水剂 500 倍液、25%吡唑醚菌酯乳油 1 000倍液进行喷雾防治，7~10d 喷 1 次，连续喷洒 2~3 次。

（二）粗缩病

1. 农业防治

（1）选育抗病品种

一般硬粒型比马齿型单交种抗病。

（2）调整玉米播期避病

传毒介体灰飞虱迁移传毒高峰期与玉米敏感叶龄期（6 叶以下）的吻合程度，是影响玉米粗缩病发生轻、重的重要因素。因此，调整播种期、错开传毒感病高峰期，是预防该病的有效措施，夏玉米在 6 月 15 日后播种，不种半夏玉米。

（3）加强田间管理

及时清除玉米田间、地头杂草，减少初始毒源和破坏传毒昆虫的繁衍地；加强玉米的肥、水管理，促进玉米健壮生长，提高其抗病性；及时拔除田间零星病株，避免成为再侵染的毒源。

2. 药剂防治

①防治麦田、稻田飞虱。正确使用除草剂，控制麦田草害，特别是看麦娘等禾本科杂草；及时喷药防治灰飞虱，压低田间虫口基数，减轻后茬玉米粗缩病的发生。

②苗期防虫。播前用吡虫啉、噻虫嗪等药剂拌种或包衣，防治苗期灰飞虱；苗期发现灰飞虱量大时，及时喷药杀虫防病。

③感病初期可喷施 20%吗胍·乙酸铜可湿性粉剂 500 倍液，加叶面肥，7～10d 喷 1 次，连续喷洒 2～3 次。可达到钝化病毒、增强植株长势，减轻发病的目的。

（三）茎腐病

1. 农业防治

①选育和种植抗病品种是防治茎腐病最经济有效的措施。

②田间植株病残体的清理。玉米收获后将植株的残体带到田外进行深埋、焚烧或通过沼气池发酵处理，不可随意地丢弃在田里或田间地头，同时种植过的土壤要进行深翻，阳光充分照射杀菌；用病残体沤制的有机肥要经过高温处理，腐熟后才能使用；对重病地块要避免连作，可实行 3 年以上轮作倒茬。

③加强田间管理措施。选用一些熟期相近、生态类型及抗病性不同的玉米品种进行间混种植，能明显增强群体抗病性；合理密植，控制种植密度，提高田间透气性；适期晚播，使玉米的感病期躲开多雨高湿的 8 月；苗期注意蹲苗，促进玉米幼苗根系生长发育，增强根系抗侵染能力；雨后及时排水，避免田间积水，降低田间湿度；合理施肥，在玉米生育前期施用氮、磷、钾之比为 1∶4∶5 的混合肥，生育后期施用比例为 1∶1∶5，可有效地提高玉米对茎基腐病的抗性。

2. 生物防治

可采用木霉苗拌种、细菌拌种或木霉菌穴施配合细菌拌种进行生物防治。

3. 药剂防治

①预防茎腐病，需及时防治蚜虫、灰飞虱、玉米螟及地下害虫，杜绝虫害传毒、传菌途径，防止病菌从虫害伤口进入，进而为害植株。

②可在种子包衣或拌种时加入多菌灵、咯菌腈等药剂，也能在一定程度上预防玉米茎腐病。此外，可选择50%辛硫磷乳油、20%福·克悬浮种衣剂对玉米进行包衣处理，能减少植株伤口、减轻虫害，进而减少病原菌对植株根茎部的侵染，达到防控病害的目的。

③发病初期，用50%多菌灵可湿性粉剂500倍液、70%百菌清可湿性粉剂800倍液、65%代森锰锌可湿性粉剂500倍液、或50%苯菌灵可湿性粉剂1 500倍液进行喷雾防治。

（四）丝黑穗病

选用抗病玉米品种，播种前用烯唑醇、戊唑醇等进行种子包衣或拌种。

1. 农业防治

（1）选择抗病品种

选择抗丝黑穗病的玉米品种是最经济有效的防治方法。选择在当地已经种植多年且抗病性较好的品种，因地制宜做好品种选择；在同一生态作物区，一定要按科学的比例种植类型不同的杂交种，避免玉米品种种植单一化。

（2）加强栽培管理

深翻土壤将病菌带至播种土层的下面，能使菌源大大减少，还能降低发病概率；有条件的地方3年一轮作，基本上可以消除其为害；病株在病穗膜未破裂前拔除，并带出田间之外烧尽或者深埋，以免病菌再次进入土中；合理地施用N、P、K肥。

2. 药剂防治

（1）拌种或包衣

玉米丝黑穗病是一种土传性病害，可用2.5%咯菌腈悬浮种衣剂包衣。也可将三唑类杀菌剂和其他杀菌剂混合一起玉米种子进行拌种处理，兼治其他苗期病害。

（2）药剂预防

在玉米苗期可以使用含有灭菌唑、烯唑醇、戊唑醇等药剂喷雾预防，其中戊唑醇的防治效果最佳、安全性最高。

三、病虫综合防治注意事项

第一，以虫害防治为主，病虫兼治，加强生态控制，辅以化学药剂调控，全面有效地控制病虫害。

第二，玉米、大豆生长发育后期施药，最好用高秆喷雾机或飞机作业。

第三，病虫害混合发生时，可用杀虫、杀菌剂复配或混合施药，能够兼治兼防多种病虫。

第四，进行喷雾作业时要喷洒均匀，田间地头、路边杂草都要喷到。

参考文献

白小芳，2019. 甘蔗‖花椰菜间作模式建立及其对土壤微生物的影响［D］. 福州：福建农林大学.

蔡连贺，2019. 玉米大豆宽幅条播间作对土壤质量和地表节肢动物的影响［D］. 哈尔滨：东北农业大学.

曹鹏鹏，任自超，高凤菊，等，2019. 鲁西北地区大豆/玉米间作适宜品种组合筛选［J］. 山东农业科学，51（12）：31-35，39.

陈红卫，2015. 玉米/大豆间作氮素补偿利用的密度调控机理［D］. 兰州：甘肃农业大学.

陈欣，唐建军，2013. 农业系统中生物多样性利用的研究现状与未来思考［J］. 中国生态农业学报，21（1）：54-60.

程玉柱，2015. 玉/豆间作下品种和田间配置对玉米生长和产量形成的影响［D］. 长春：吉林农业大学.

戴炜，杨继芝，王小春，等，2017. 不同除草剂对间作玉米大豆的药害及除草效果［J］. 大豆科学，36（2）：287-294.

董楠，2017. 不同作物组合间作优势和时空稳定性的生态机制［D］. 北京：中国农业大学.

冯晓敏，杨永，任长忠，等，2015. 豆科—燕麦间作对作物光合特性及籽粒产量的影响［J］. 作物学报，41（9）：1 426-1 434.

高飞，王若水，许华森，等，2017. 水肥调控下苹果—玉米间作系统作物生长及经济效益分析［J］. 干旱地区农业研究，35（3）：20-28，37.

韩全辉，黄洁，刘子凡，等，2014. 木薯/花生间作对花生光合性能、产量和品质的影响［J］. 广东农业科学，41（13）：13-16.

何衡，丁辉，刘姜，等，2016. 大豆和玉米间作土壤氮素时空变化特征研究［J］. 四川师范大学学报（自然科学版），39（3）：421-426.

黄妙华，2015. 玉米大豆间作品种筛选及田间配置研究［D］. 南京：南京农业大学.

雷杨，2019. 减氮处理对苜蓿与白菜间作下结球白菜生长的影响［D］. 哈尔滨：东北农业大学.

李立坤，左传宝，于福兰，等，2019. 肥料减施下玉米—大豆间作对作物产量和昆虫群落组成及多样性的影响［J］. 植物保护学报，46（5）：980-988.

李明，彭培好，王玉宽，等，2014. 农业生物多样性研究进展［J］. 中国农学通报，30（9）：7-14.

李文敬，高宇，胡英露，等，2020. 点蜂缘蝽（*Riptortus pedestris*）为害对大豆植株“症青”发生及产量损失的影响［J］. 大豆科学，39（1）：116-122.

李秀平，李穆，年海，等，2012. 甘蔗/大豆间作对甘蔗和大豆产量与品质的影响［J］. 东北农业大学学报，43（7）：42-46.

刘健，赵奎军，2012. 中国东北地区大豆主要食叶害虫空间动态分析［J］. 中国油料作物学报，34（1）：69-73.

刘瑞丽，2014. 河南省玉米粗缩病病原鉴定与主要防治技术研究［D］. 郑州：河南农业大学.

刘卫国，蒋涛，佘跃辉，等，2011. 大豆苗期茎秆对荫蔽胁迫响应的生理化制初探机［J］. 中国油料作物学报，30（2）：141-147.

刘鑫，2016. 玉豆带状间作系统光能分布、截获与利用研究［D］. 雅安：四川农业大学.

卢秉生，李妍妍，丰光，2006. 玉米大豆间作系统产量与经济效益的分析［J］. 辽宁农业职业技术学院学报，8（4）：4-6.

卢国龙，2019. 生物防治在农业病虫害防治上的应用探析［J］. 南方农机，50（23）：73.

罗宁，李惠霞，郭静，等，2019. 甘肃省陇东南大豆孢囊线虫的发生和分布

[J]. 植物保护，45（3）：165-169.
吕远，2018. 玉米田二点委夜蛾发生特点及防治措施［J］. 现代农村科技（7）：28.
马静，常虹，邓素花，等，2017. 31%氟虫腈·噻虫嗪·氨基寡糖素悬浮种衣剂防治玉米蛴螬的田间药效试验［J］. 河南农业（26）：12-13.
马龙，卢天啸，2019. 点蜂缘蝽的发生规律及防治方法［J］. 河北农业（11）：29-30.
齐永悦，赵春霞，邵维仙，等，2017. 廊坊地区大豆点蜂缘蝽的发生与防治技术［J］. 现代农村科技（9）：34.
钱必长，2019. 不同花生棉花间作模式对花生生育后期生理特性及产量品质的影响［D］. 泰安：山东农业大学.
钱欣，2017. 东北地区西部燕麦带状间作模式构建及氮素利用机制研究［D］. 北京：中国农业大学.
任领，张黎骅，丁国辉，等，2019. 2BF-5 型玉米—大豆带状间作精量播种机设计与试验［J］. 河南农业大学学报，53（2）：207-212，226.
邵珊珊，周兴伟，于洪涛，等，2019. 气温和降水量对大豆蚜虫田间种群动态的影响［J］. 黑龙江农业科学（8）：60-62.
沈冰冰，2019. 玉米茎腐病和大斑病生防菌的筛选及其促生作用的研究［D］. 哈尔滨：东北农业大学.
沈亚文，2018. 玉米‖大豆模式温室气体排放规律及影响因素研究［D］. 北京：中国农业大学.
石洁，王振营，2010. 玉米病虫害防治彩色图谱［M］. 北京：中国农业出版社.
时正东，2019. 玉米虫害综合防治要点［J］. 乡村科技（34）：103-104.
谭世麒，2019. 陕西玉米灰斑病病原菌鉴定及防控药剂和抗病品种的筛选［D］. 咸阳：西北农林科技大学.
汤复跃，陈文杰，韦清源，等，2019. 不同行比配置和玉米株型对玉米大豆间种产量及效益影响［J］. 大豆科学，38（5）：726-732.
田艺心，曹鹏鹏，高凤菊，等，2019. 减氮施肥对间作玉米—大豆生长性状及经济效益的影响［J］. 山东农业科学，51（11）：109-113.

王洪预，2019. 东北春玉米不同种植模式比较研究［D］. 长春：吉林大学.

王家豪，2019. 玉米/苜蓿间作对土壤养分、酶活性及植物生长的影响［D］. 贵阳：贵州大学.

王立春，2014. 吉林玉米高产理论与实践［M］. 北京：科学出版社.

王利立，2017. 密度对大麦间作豌豆氮素利用的影响及机理［D］. 兰州：甘肃农业大学.

王文瑞，范东军，2019. 禹城市夏大豆甜菜夜蛾绿色防控技术［J］. 现代农业科技（11）：121-122.

王妍，2019. 紫花苜蓿‖燕麦间作效应及氮素吸收机理研究［D］. 长春：东北师范大学.

吴海英，梁建秋，冯军，等，2019. 2019年四川大豆高效生产技术指导意见［J］. 大豆科技，12（3）：41-42.

杨涛，2019. 新疆林草复合系统中杨树/紫花苜蓿根系分布及生长发育特性［D］. 石河子：石河子大学.

张妍，2014. 间作玉米豌豆种间竞争互补对施氮制度的响应［D］. 兰州：甘肃农业大学.

郑红梅，2019. 粮饲兼用型玉米蚜虫病的防治措施［J］. 现代畜牧科技（12）：38-39.